기적의 계산법

예비초등 3권

수학자신감을 100% 충전시켜 주는

예비초등생을 위한 연산 공부법

1 생활 속 계산으로 수, 연산과 친해지기

아이들은 아직 논리적, 추상적 사고가 발달하지 않았기 때문에 직관적인 범위를 벗어나는 수에 관한 문제나 추상적인 기호로 표현된 수식은 이해하기 힘듭니다. 아이들에게 수식은 하나하나 해석이 필요한 외계어일뿐입니다.
일상생활에서 쉽게 접할 수 있는 과자나 장난감 등을 이용해 보세요. 이때 늘어나고 줄어드는 수량의 변화를 덧셈, 뺄셈으로 나타낸다는 것을 함께 알려 주세요. 구체적인 상황을 수식으로 연결짓는 훈련을 하면 아이들이 쉽게 수식을 이해할 수 있습니다.

생활 속 수학 경험

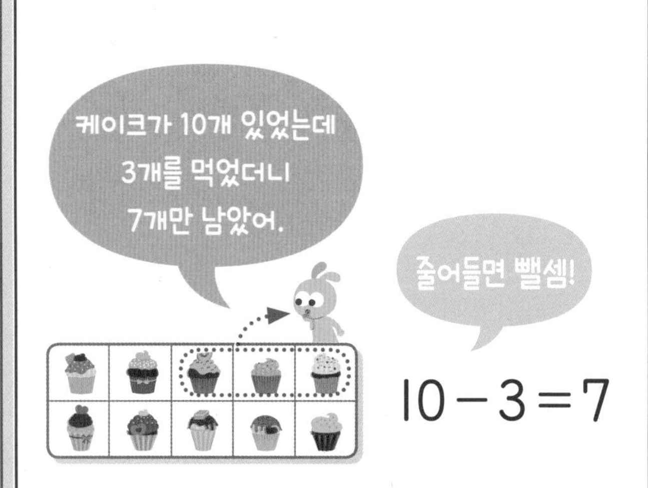

수학자신감

2 스스로 조작하며 연산 원리 이해하기

말로 연산 원리를 설명하지 마세요. 아이들은 장황한 설명보다 직접 눈으로 보고, 손으로 만지는 경험을 통해 원리를 더 쉽게 깨닫습니다.
덧셈과 뺄셈의 원리를 아이들이 이해하기 쉽게 시각화한 수식 모델로 보여 주면 엄마가 말로 설명하지 않아도 스스로 연산 원리를 깨칠 수 있습니다.
수식을 보고 직접 손가락을 꼽으면서 세어 보거나 스티커나 과자 등의 구체물을 모으고 가르는 조작 활동은 연산 원리를 익히는 과정이므로 충분히 연습하는 것이 좋습니다.

연산 시각화 학습법

1단계 손가락 모델 → 2단계 기호가 있는 수식

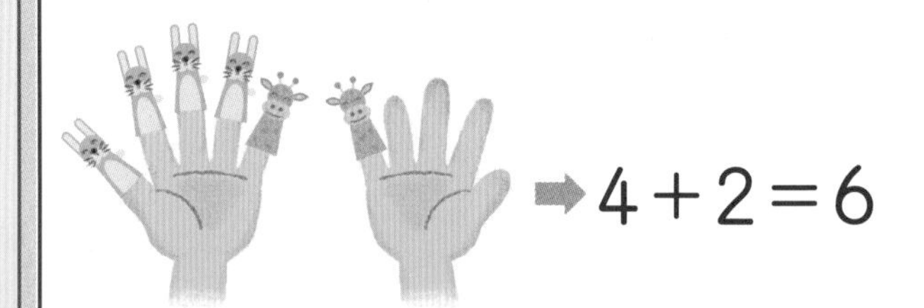

손가락 인형 4개와 2개는 모두 6개!

4 더하기 2는 6!

수학자신감

초등학교 1학년 수학 내용의 80%는 수와 연산입니다.
연산 준비가 예비초등 수학의 핵심이죠.
입학 준비를 위한 효과적인 연산 공부 방법을 알려 드릴게요.

3 반복연습으로 수식 계산에 익숙해지기

아이가 한 번에 완벽히 이해했을 것이라고 생각하면 안 됩니다. 당장은 이해한 것 같겠지만 돌아서면 잊어버리고, 또 다른 상황을 만나면 전혀 모를 수 있습니다. 원리를 깨쳤더라도 수식 계산에 익숙해지기까지는 꾸준한 연습이 필요합니다.

느리더라도 자신의 속도대로, 자신만의 방법으로 정확하게 풀 수 있도록 지도해 주세요. 이때 매일 같은 시간에, 같은 양을 학습하면서 공부 습관도 잡아주세요. 한 번에 많이 하는 것보다 조금씩이라도 매일 꾸준히 반복적으로 학습하는 것이 더 좋습니다.

4day 반복 학습설계

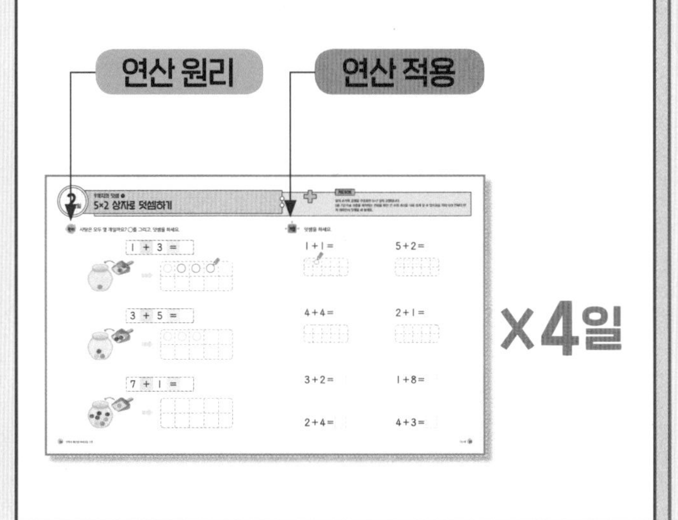

수학자신감

4 수학 교과서 속 연산 활용까지 알아보기

1학년 수학 교과서를 보면 기초 계산 문제 외에 응용 문제나 문장제 같은 다양한 유형들이 있습니다. 이와 같은 문제는 낯선 수학 용어의 의미를 모르거나 무엇을 묻는 것인지 문제 자체를 이해하지 못해 틀리는 경우가 많습니다.

기초 계산 문제를 넘어 연산과 관련된 수학 용어의 의미, 수학 용어를 사용하여 표현하는 방법, 기호로 표시된 수식을 해석하는 방법, 문장을 식으로 나타내는 방법 등 연산을 활용하는 방법까지 알려 주는 것이 좋습니다. 다양한 활용 문제를 익히면 어려운 수학 문제가 만만해지고 수학자신감이 올라갑니다.

미리 보는 1학년 연산 활용

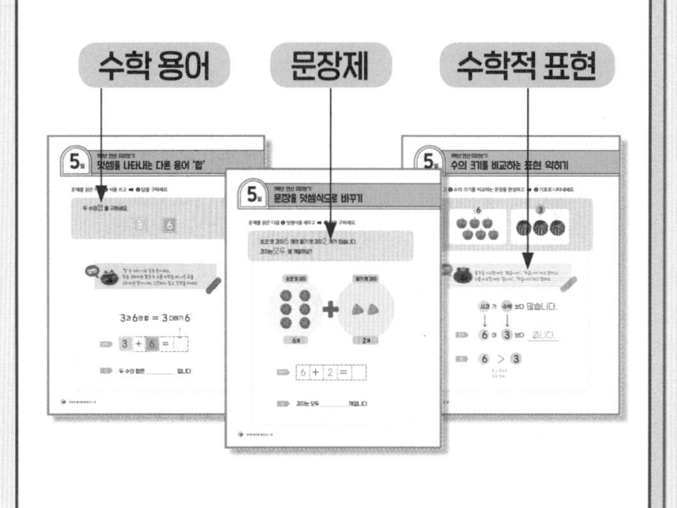

수학자신감

권별 학습 구성

<기적의 계산법 예비초등>은 초등 1학년 연산 전 과정을 학습할 수 있도록 구성된 연산 프로그램 교재입니다. 권별, 단계별 내용을 한눈에 확인하고 차근차근 공부하세요.

권	학습단계	학습주제	1학년 연산 미리보기	초등 연계 단원
1권	1단계	10까지의 수	수의 크기를 비교하는 표현 익히기	[1-1] 1. 9까지의 수 3. 덧셈과 뺄셈
	2단계	수의 순서	순서를 나타내는 표현 익히기	
	3단계	수직선	세 수의 크기 비교하기	
	4단계	연산 기호가 없는 덧셈	문장을 그림으로 표현하기	
	5단계	연산 기호가 없는 뺄셈	비교하는 수 문장제	
	6단계	+, −, = 기호	문장을 식으로 표현하기	
	7단계	구조적 연산 훈련 ①	1 큰 수 문장제	
	8단계	구조적 연산 훈련 ②	1 작은 수 문장제	
2권	9단계	2~9 모으기 가르기 ①	수를 가르는 표현 익히기	[1-1] 3. 덧셈과 뺄셈
	10단계	2~9 모으기 가르기 ②	번호를 쓰는 문제 '객관식'	
	11단계	9까지의 덧셈 ①	덧셈을 나타내는 다른 용어 '합'	
	12단계	9까지의 덧셈 ②	문장을 덧셈식으로 바꾸기	
	13단계	9까지의 뺄셈 ①	뺄셈을 나타내는 다른 용어 '차'	
	14단계	9까지의 뺄셈 ②	문장을 뺄셈식으로 바꾸기	
	15단계	덧셈식과 뺄셈식	수 카드로 식 만들기	
	16단계	덧셈과 뺄셈 종합	계산 결과 비교하기	
3권	17단계	10 모으기 가르기	짝꿍끼리 선으로 잇기	[1-1] 5. 50까지의 수 [1-2] 2. 덧셈과 뺄셈(1) 6. 덧셈과 뺄셈(3)
	18단계	10이 되는 덧셈	수 카드로 덧셈식 만들기	
	19단계	10에서 빼는 뺄셈	어떤 수 구하기	
	20단계	19까지의 수	묶음과 낱개 표현 익히기	
	21단계	십몇의 순서	사이의 수	
	22단계	(십몇)+(몇), (십몇)−(몇)	문장에서 덧셈, 뺄셈 찾기	
	23단계	10을 이용한 덧셈	연이은 덧셈 문장제	
	24단계	10을 이용한 뺄셈	동그라미 기호 익히기	
4권	25단계	10보다 큰 덧셈 ①	더 큰 수 구하기	[1-2] 2. 덧셈과 뺄셈(1) 4. 덧셈과 뺄셈(2)
	26단계	10보다 큰 덧셈 ②	덧셈식 만들기	
	27단계	10보다 큰 덧셈 ③	덧셈 문장제	
	28단계	10보다 큰 뺄셈 ①	더 작은 수 구하기	
	29단계	10보다 큰 뺄셈 ②	뺄셈식 만들기	
	30단계	10보다 큰 뺄셈 ③	뺄셈 문장제	
	31단계	덧셈과 뺄셈의 성질	수 카드로 식 만들기	
	32단계	덧셈과 뺄셈 종합	모양 수 구하기	
5권	33단계	몇십의 구조	10개씩 묶음의 수 = 몇십	[1-1] 5. 50까지의 수 [1-2] 1. 100까지의 수 6. 덧셈과 뺄셈(3)
	34단계	몇십몇의 구조	묶음과 낱개로 나타내는 문장제	
	35단계	두 자리 수의 순서	두 자리 수의 크기 비교	
	36단계	몇십의 덧셈과 뺄셈	더 큰 수, 더 작은 수 구하기	
	37단계	몇십몇의 덧셈 ①	더 많은 것을 구하는 덧셈 문장제	
	38단계	몇십몇의 덧셈 ②	모두 구하는 덧셈 문장제	
	39단계	몇십몇의 뺄셈 ①	남은 것을 구하는 뺄셈 문장제	
	40단계	몇십몇의 뺄셈 ②	비교하는 뺄셈 문장제	

차례

10 모으기와 가르기

어떻게 공부할까요?

공부할 내용		공부한 날짜	확인
1일	손가락으로 10의 짝꿍수 찾기	월 일	
2일	5×2 상자로 10의 짝꿍수 익히기	월 일	
3일	공 모으기 기계	월 일	
4일	공 가르기 기계	월 일	
5일	1학년 연산 미리보기 짝꿍끼리 선으로 잇기	월 일	

무엇을 배울까요?

초등 연계 [1-1] 5. 50까지의 수

두 수를 모아서 10을 만들거나 10을 두 수로 가르는 활동을 합니다.
10이 되는 '짝꿍수(보수)'를 순서대로 빠짐없이 찾아보고, '2와 8'을 '8과 2'로 바꾸어 나타낼 수 있도록 연습하세요. 10 모으기와 가르기 활동은 받아올림이 있는 덧셈과 받아내림이 있는 뺄셈의 기초가 되므로 여러 번 반복해서 훈련하는 것이 좋습니다.

연산 시각화 모델

손가락 모델

손가락 10개를 이용하여 순서대로 하나씩 접어가면서 10을 두 수로 나누어 보는 모델입니다.

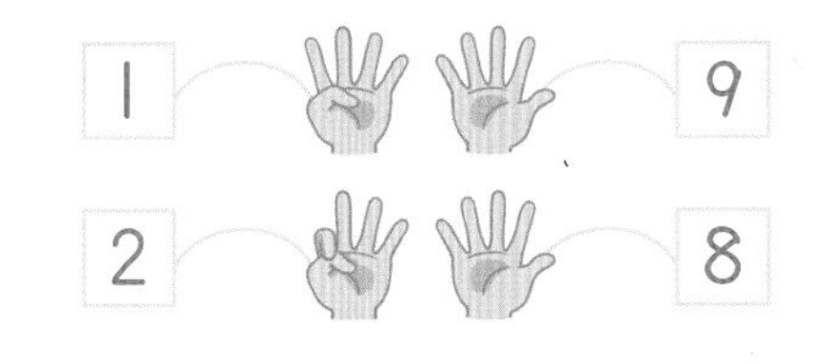

도트 가합기 모델

수 모으기를 기계 형태로 형상화한 모델입니다. 함께 익히게 될 '수 가지 수식'과 구조적으로 같기 때문에 그 원리를 바로 이해할 수 있습니다. 모아서 10을 만들어야 하므로 구슬을 10개가 될 때까지 더 그려 주세요.

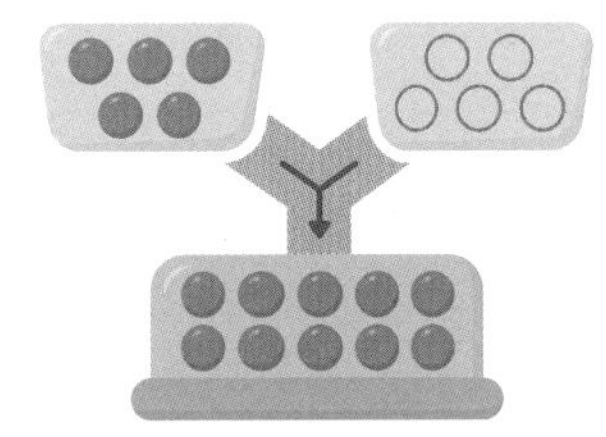

도트 분배기 모델

수 가르기를 기계 형태로 형상화한 모델입니다. 함께 익히게 될 '수 가지 수식'과 구조적으로 같고, 가합기 모델을 거꾸로 한 것과 같아 쉽게 이해할 수 있습니다.

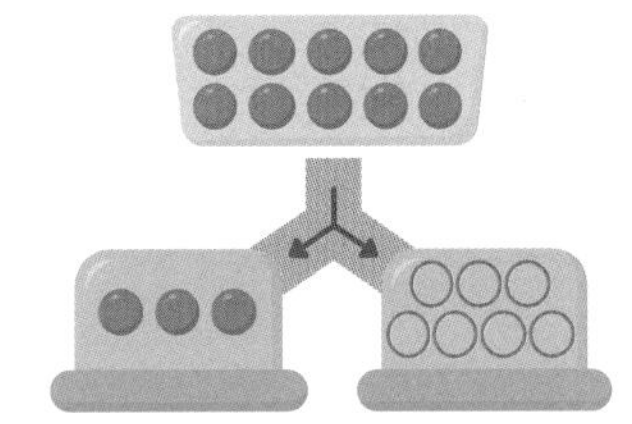

10 모으기와 가르기

손가락으로 10의 짝꿍수 찾기

원리 접은 손가락과 펼친 손가락을 세어 보세요.

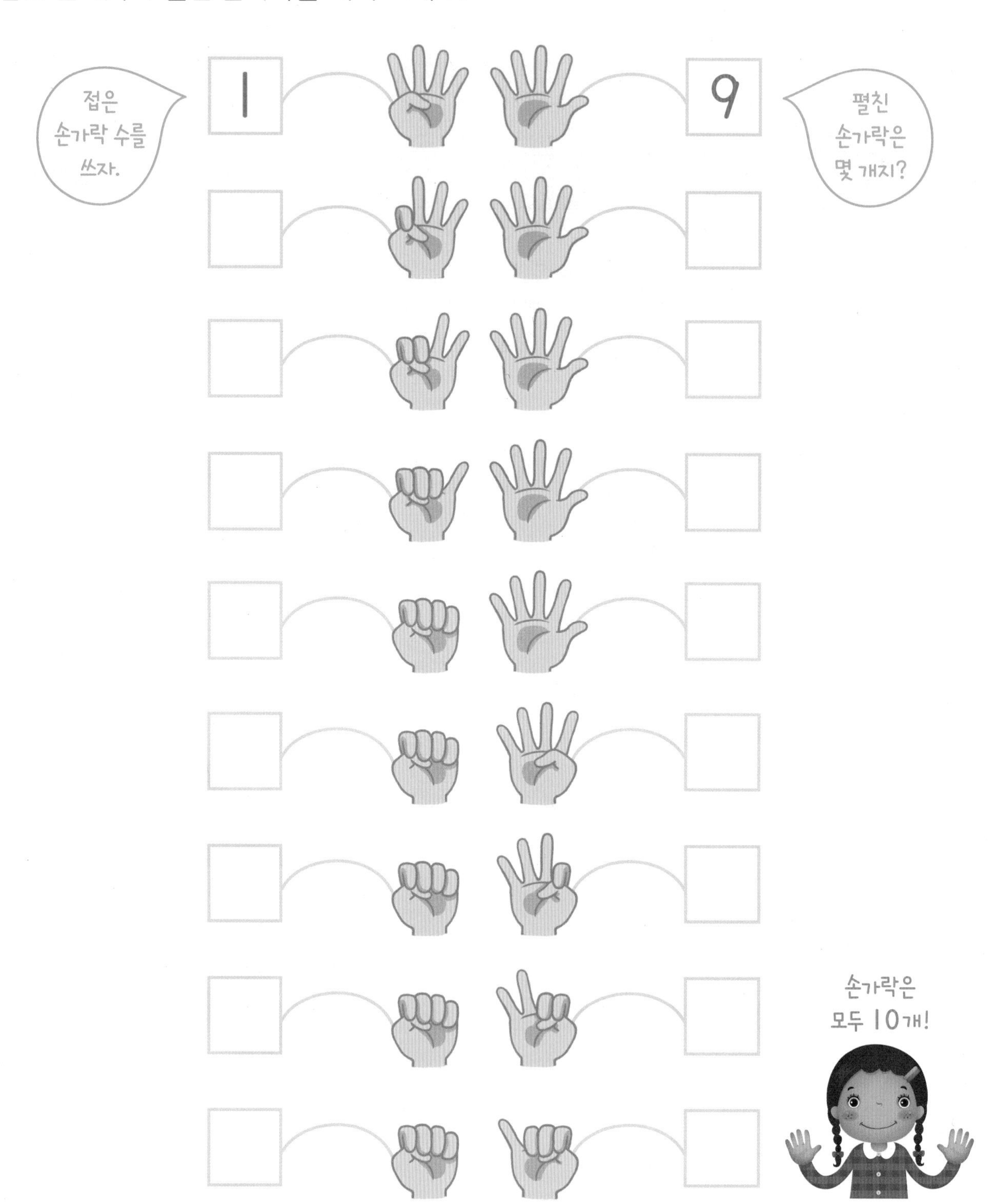

지도가이드

모아서 10이 되는 두 수를 '10의 보수'라고 합니다.
'10의 보수'라는 용어는 아이들에게 어렵게 느껴질 수 있으므로 '10의 짝꿍수'라고 부르기로 합니다. 아이와 함께 양손의 손가락을 접거나 펼치면서 연습해 보세요.

10의 짝꿍수를 빈 곳에 쓰세요.

10	
1	
2	
3	
4	
5	
6	
7	
8	
9	

10	
9	
8	
7	
6	
5	
4	
3	
2	
1	

2일

10 모으기와 가르기

5×2 상자로 10의 짝꿍수 익히기

원리 구슬이 10개가 되도록 상자를 채우고, □ 안에 10의 짝꿍수를 쓰세요.

6 --- 4

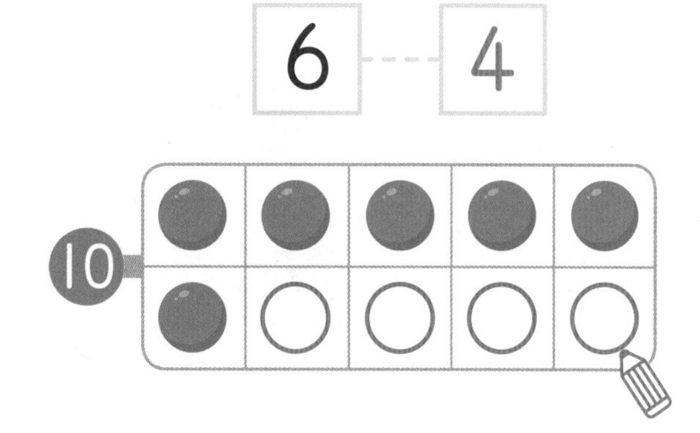

7 --- □

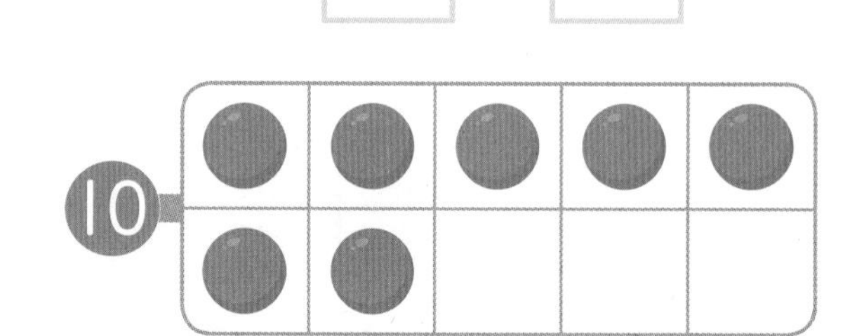

9 --- □

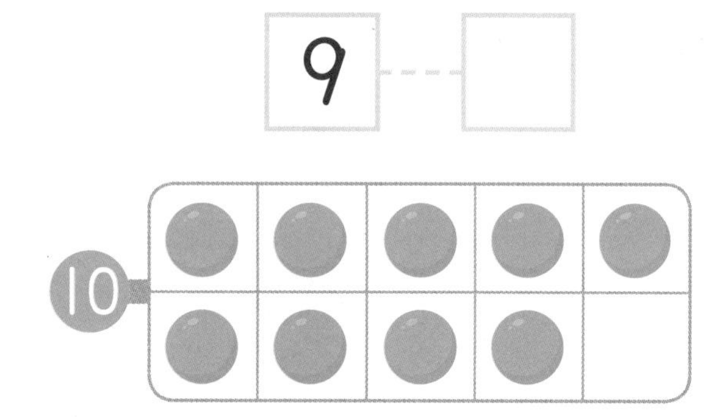

5 --- □

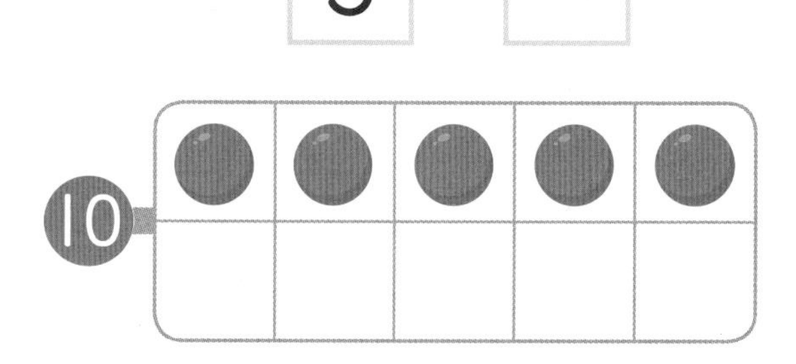

8 --- □

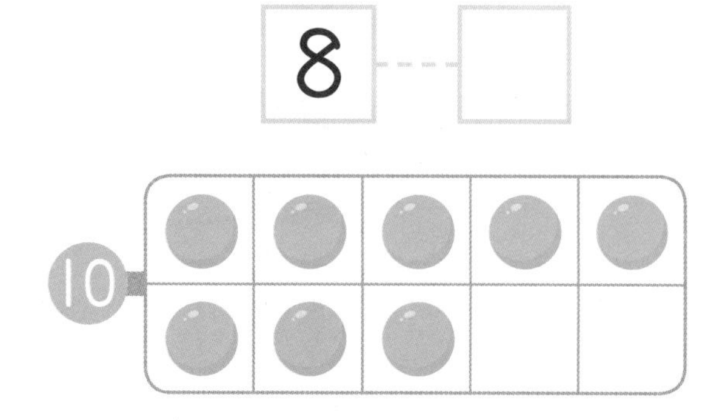

4 --- □

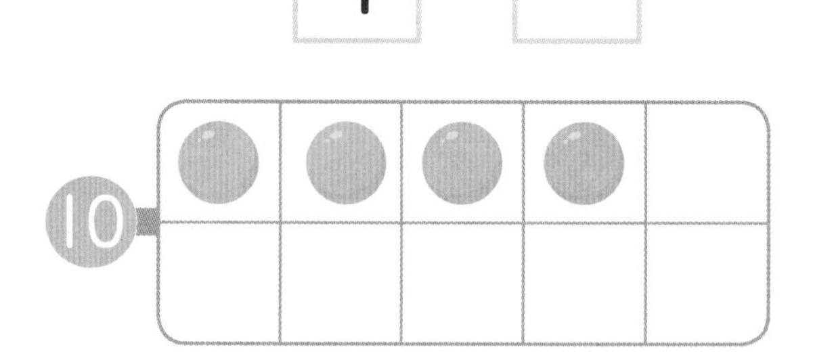

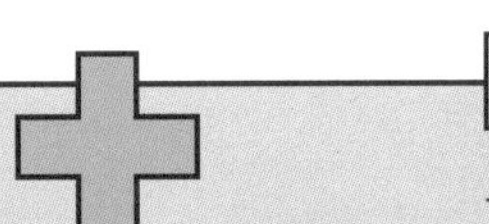

지도가이드

10칸 상자에 구슬을 채우면서 10의 짝꿍수를 익힙니다.
10을 만드는 두 수는 앞으로 배울 받아올림이 있는 덧셈과 받아내림이 있는 빼셈에서 꼭 필요한 개념입니다. 반복 연습해서 10의 짝꿍수를 익힐 수 있게 도와주세요.

□ 안에 10의 짝꿍수를 쓰세요.

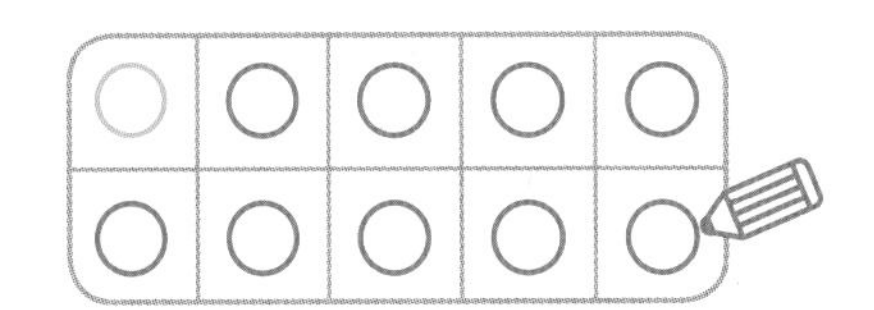

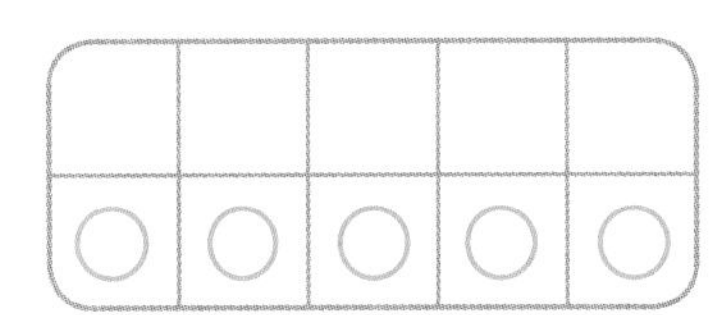

4 --- □

□ --- 8

2 --- □

□ --- 7

3 --- □

□ --- 9

10 모으기와 가르기

공 모으기 기계

위의 두 칸에 공을 넣으면 아래 칸에서 모여요. 빈 곳에 알맞은 수만큼 ○를 그리세요.

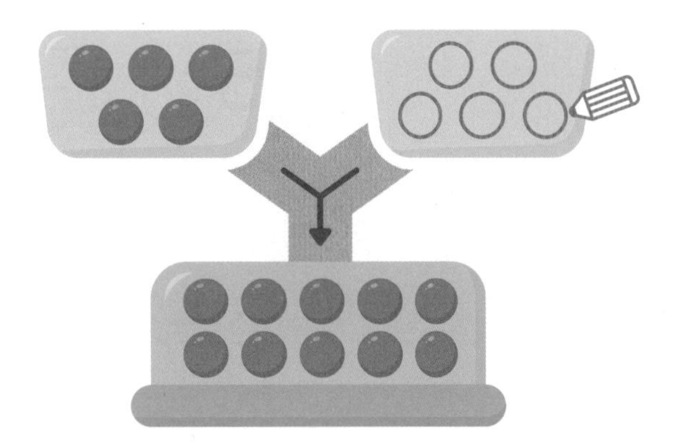

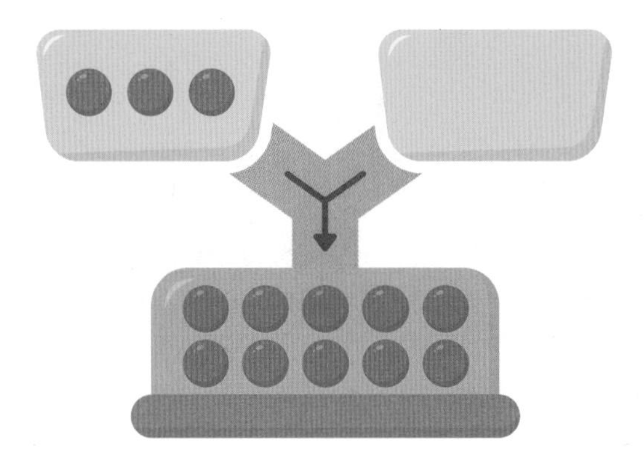

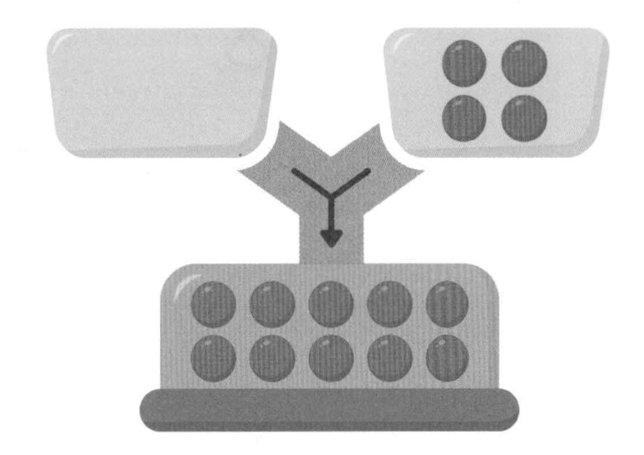

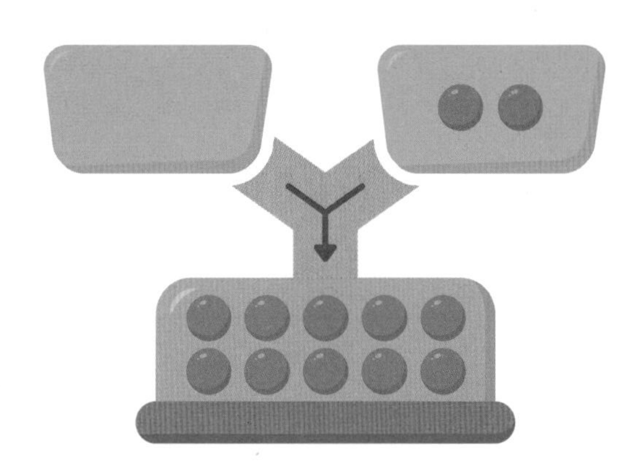

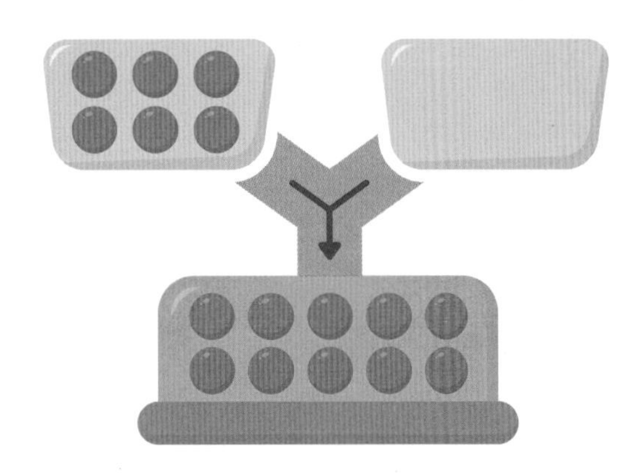

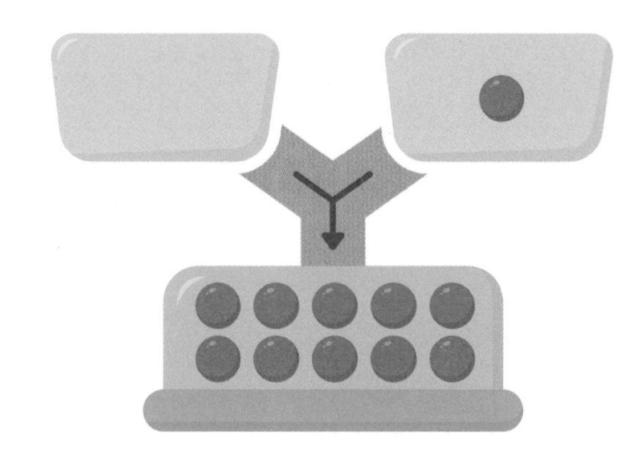

지도가이드

가합기(공 모으기 기계)는 양쪽에 있던 공이 아래로 굴러떨어져 한 곳에 모이는 상황을 나타낸 것입니다. "아래 칸의 공이 모두 10개네. 원래 위의 두 칸에는 공이 각각 몇 개 있었을까?"라고 물어보세요. 집에서는 색이 다른 두 종류의 바둑돌이나 구슬, 블록 등으로 10개 모으기 활동을 학습해 봅니다.

적용 모아서 10을 만드세요.

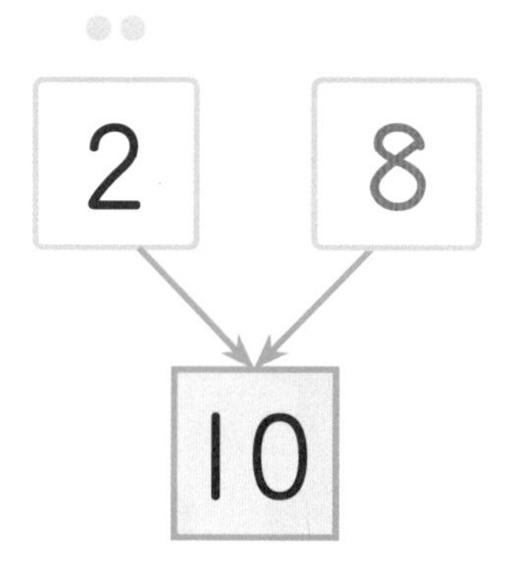

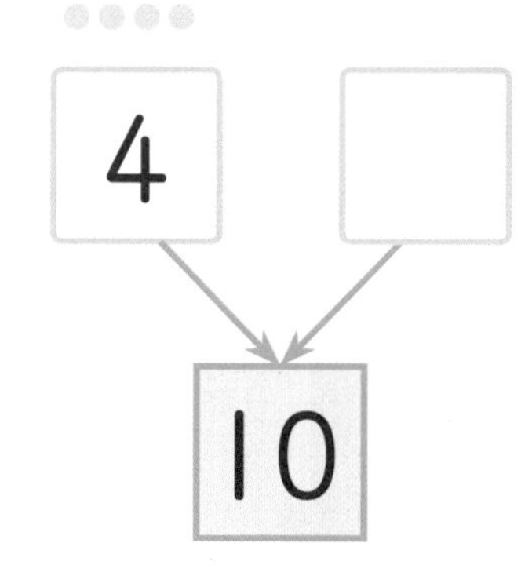

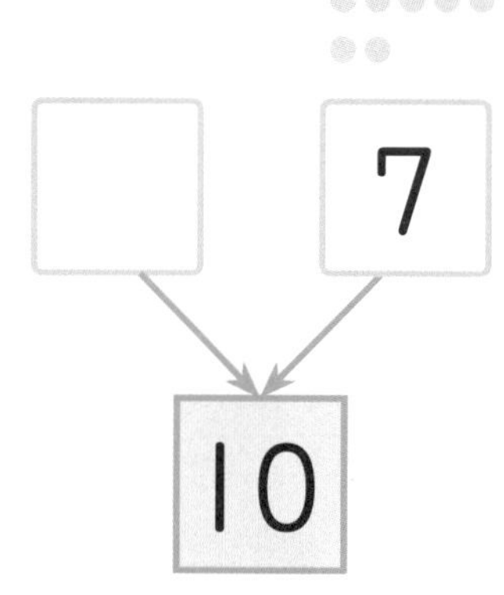

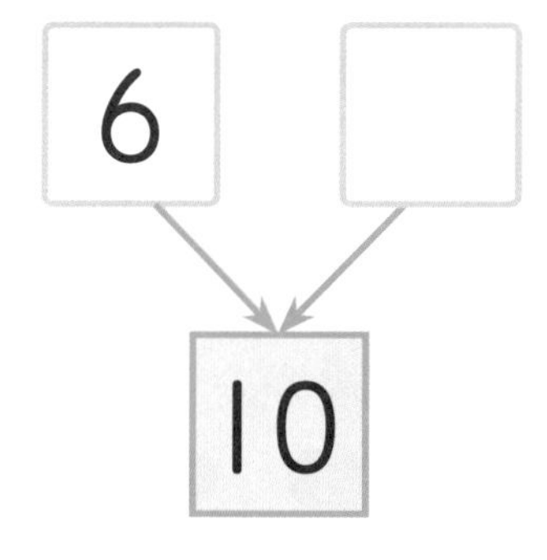

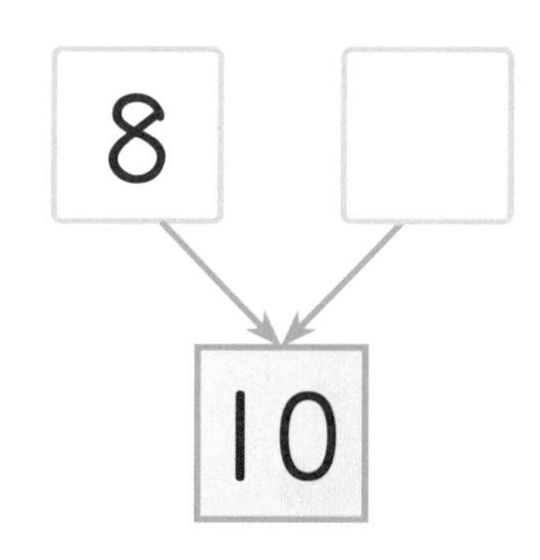

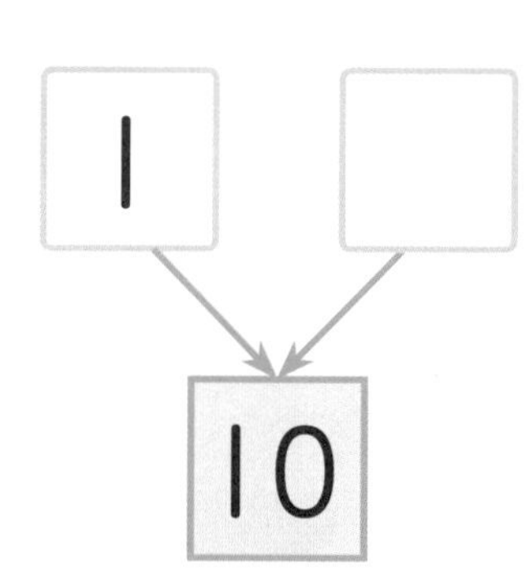

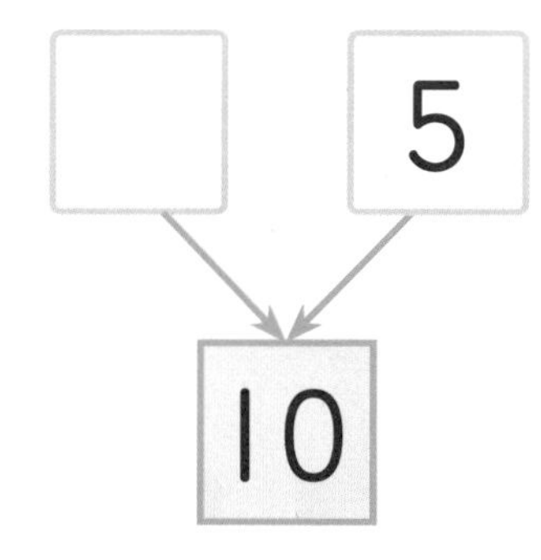

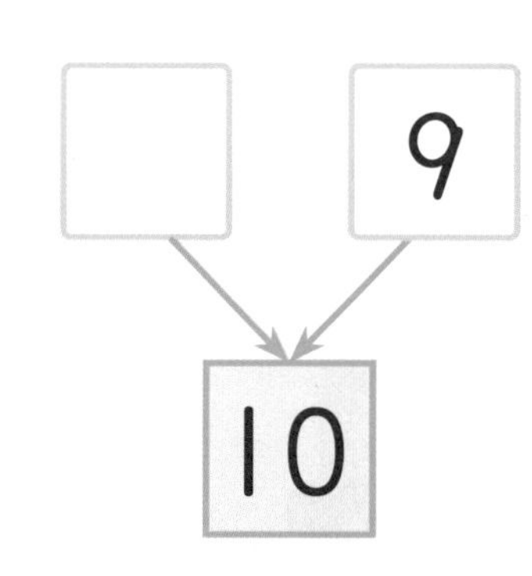

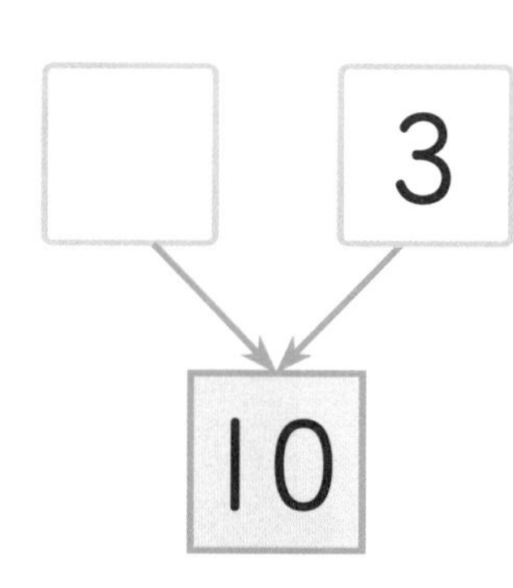

10 모으기와 가르기

공 가르기 기계

위 칸에 공을 넣으면 아래 두 칸으로 나뉘어요. 빈 곳에 알맞은 수만큼 ○를 그리세요.

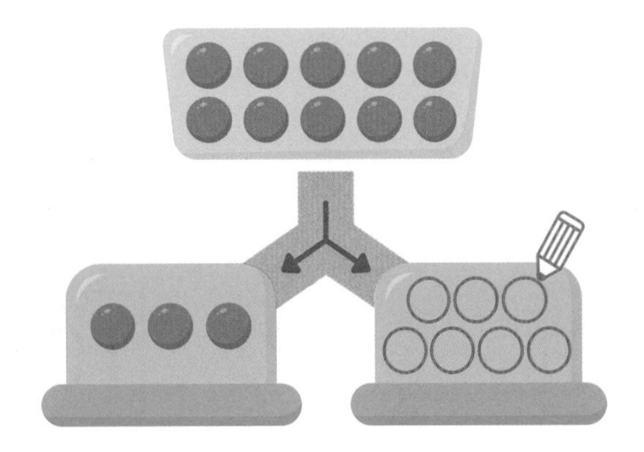

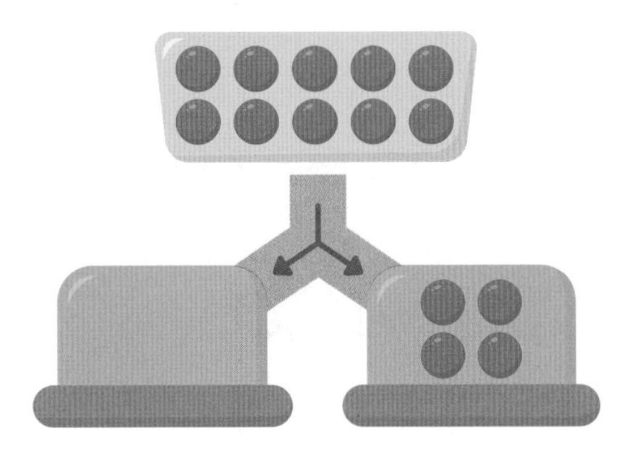

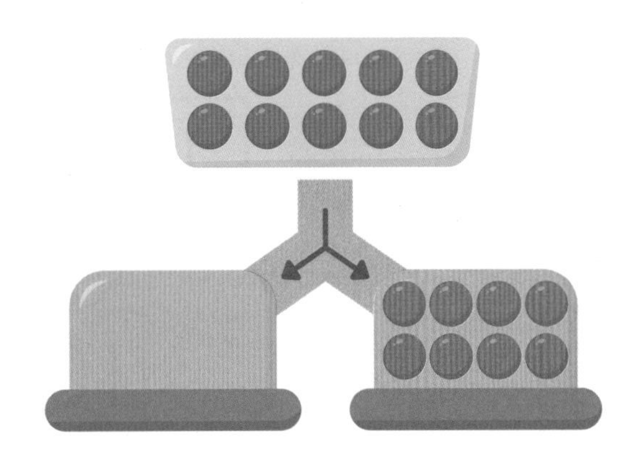

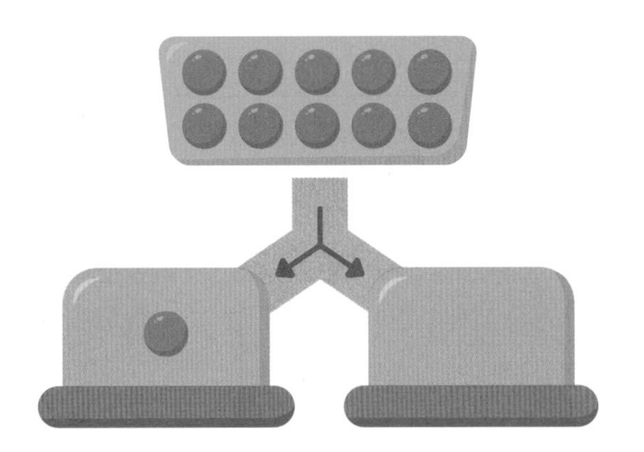

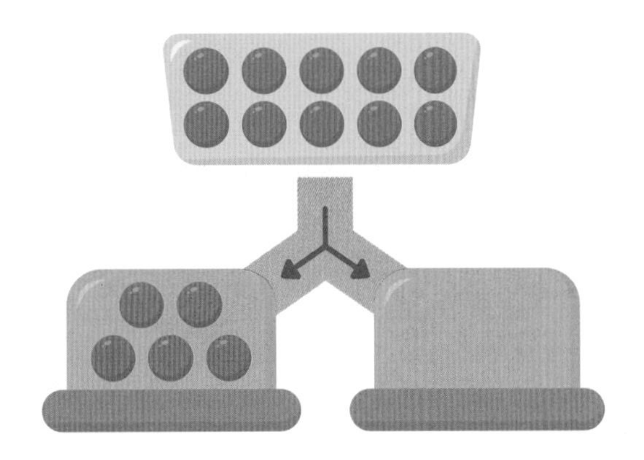

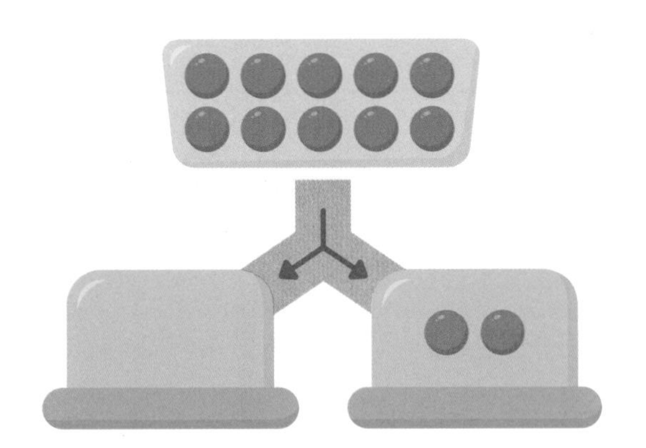

지도가이드

분배기(공 가르기 기계)는 위에 있던 공이 아래로 굴러떨어져 두 곳으로 나뉘는 상황을 나타낸 것입니다. "공 10개가 또르륵 굴러서 아래 두 곳으로 나누어 떨어지네. 비어 있는 곳에는 공이 몇 개 떨어졌을까?"라고 물어보세요. 주변에서 찾기 쉬운 물건으로 직접 가르는 활동을 해 보는 것도 좋습니다.

10을 두 수로 가르세요.

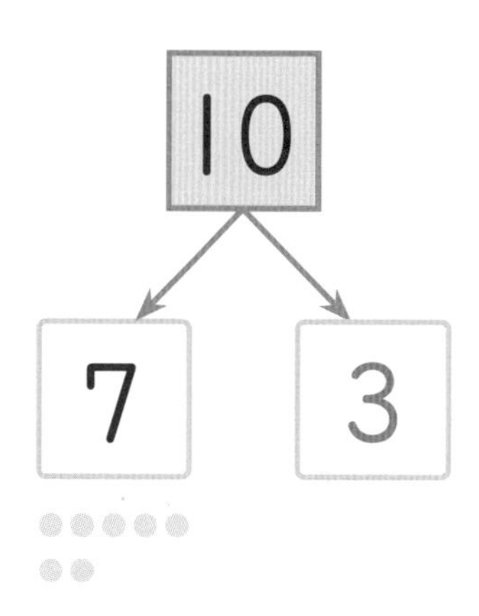

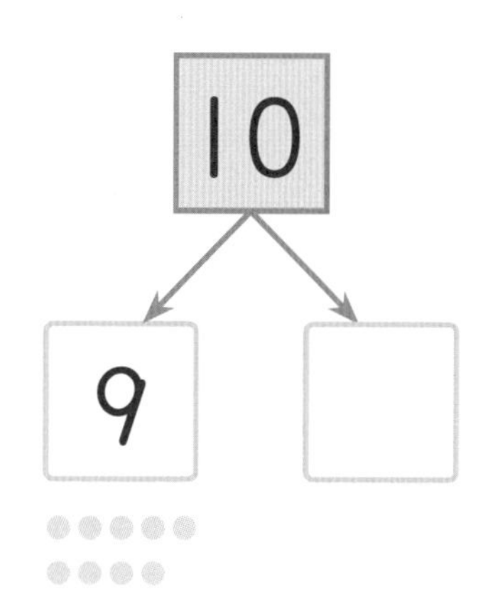

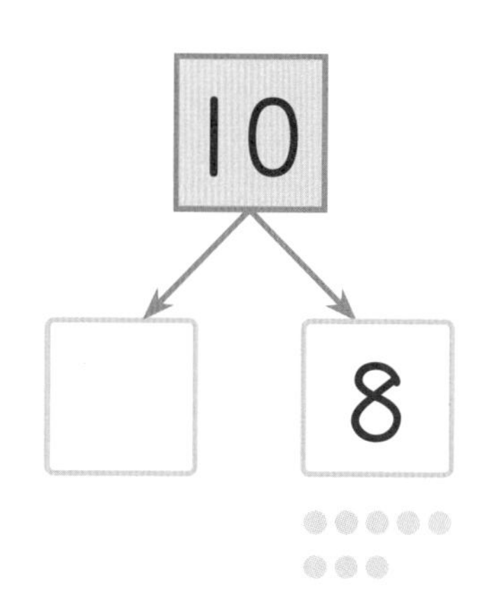

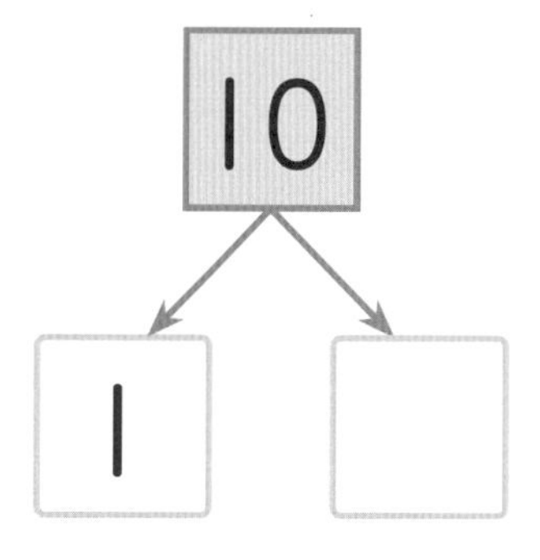

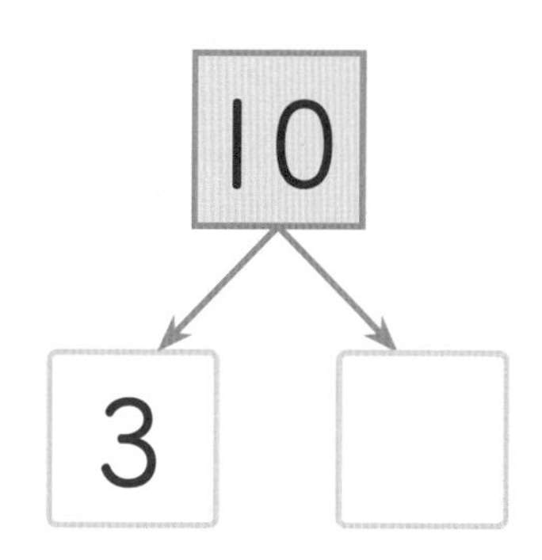

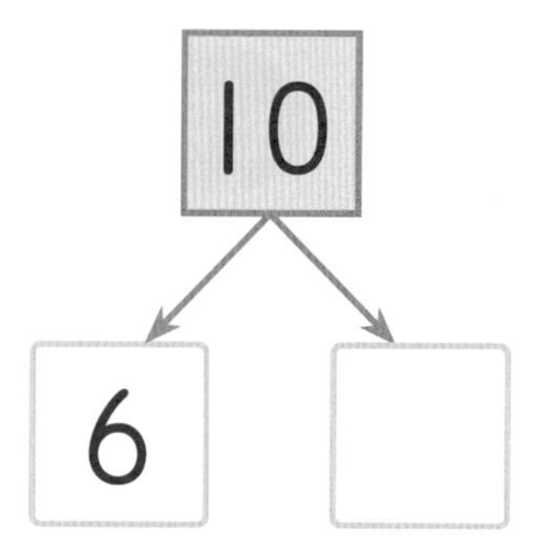

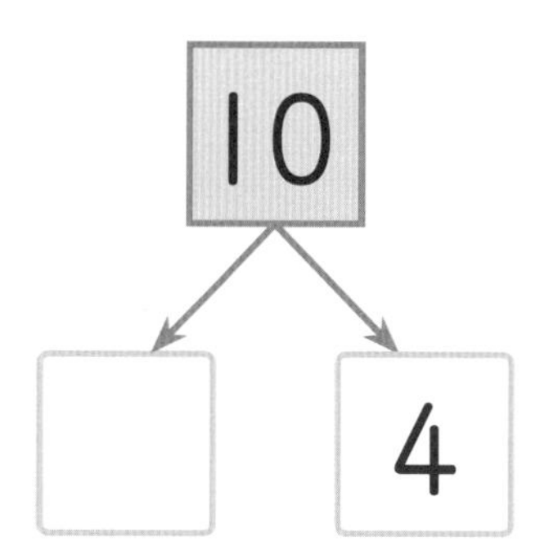

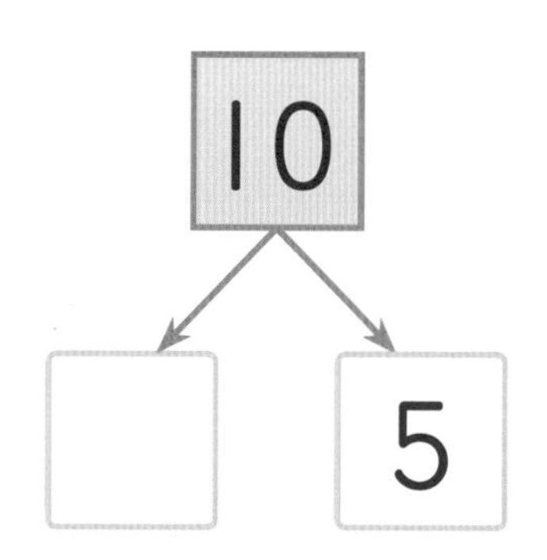

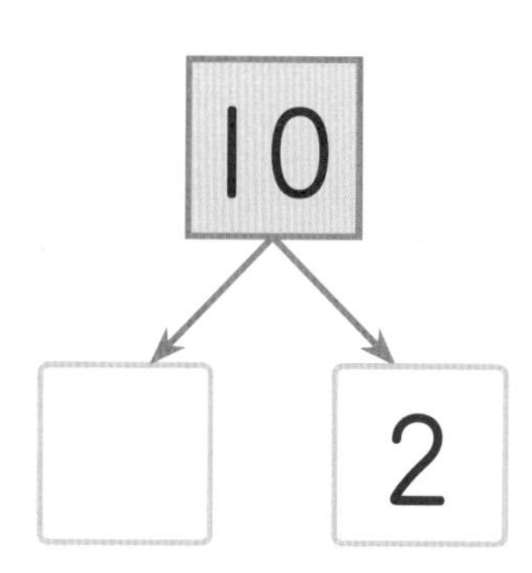

1학년 연산 미리보기

짝꿍끼리 선으로 잇기

❶ 모아서 10이 되는 두 수를 찾고 ➡ ❷ 선으로 이으세요.

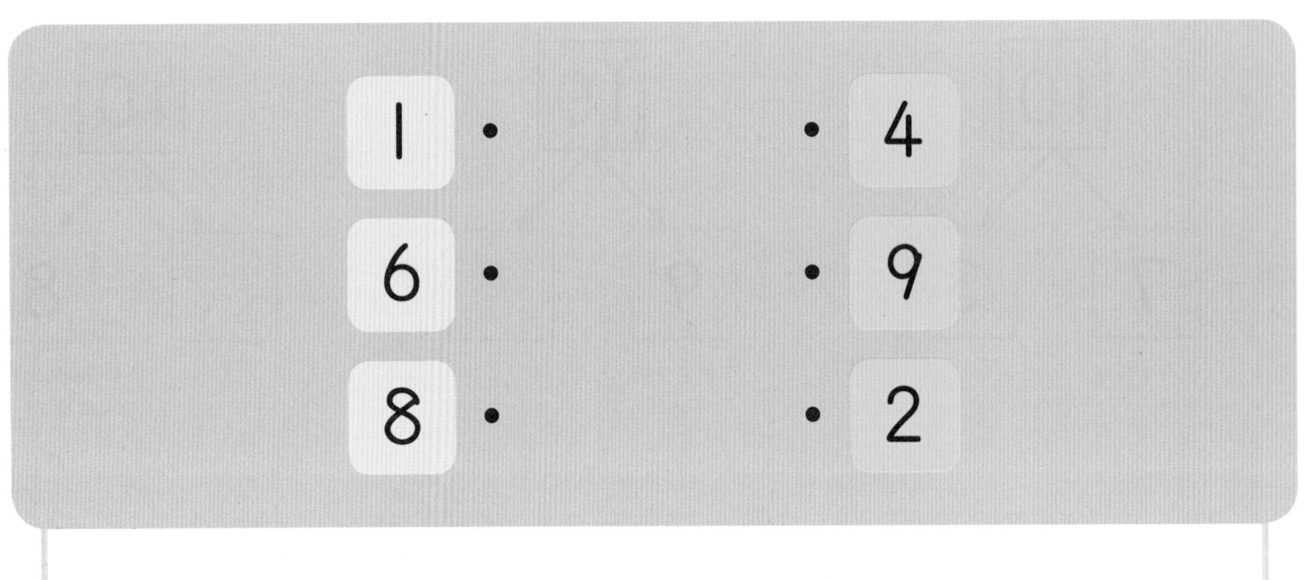

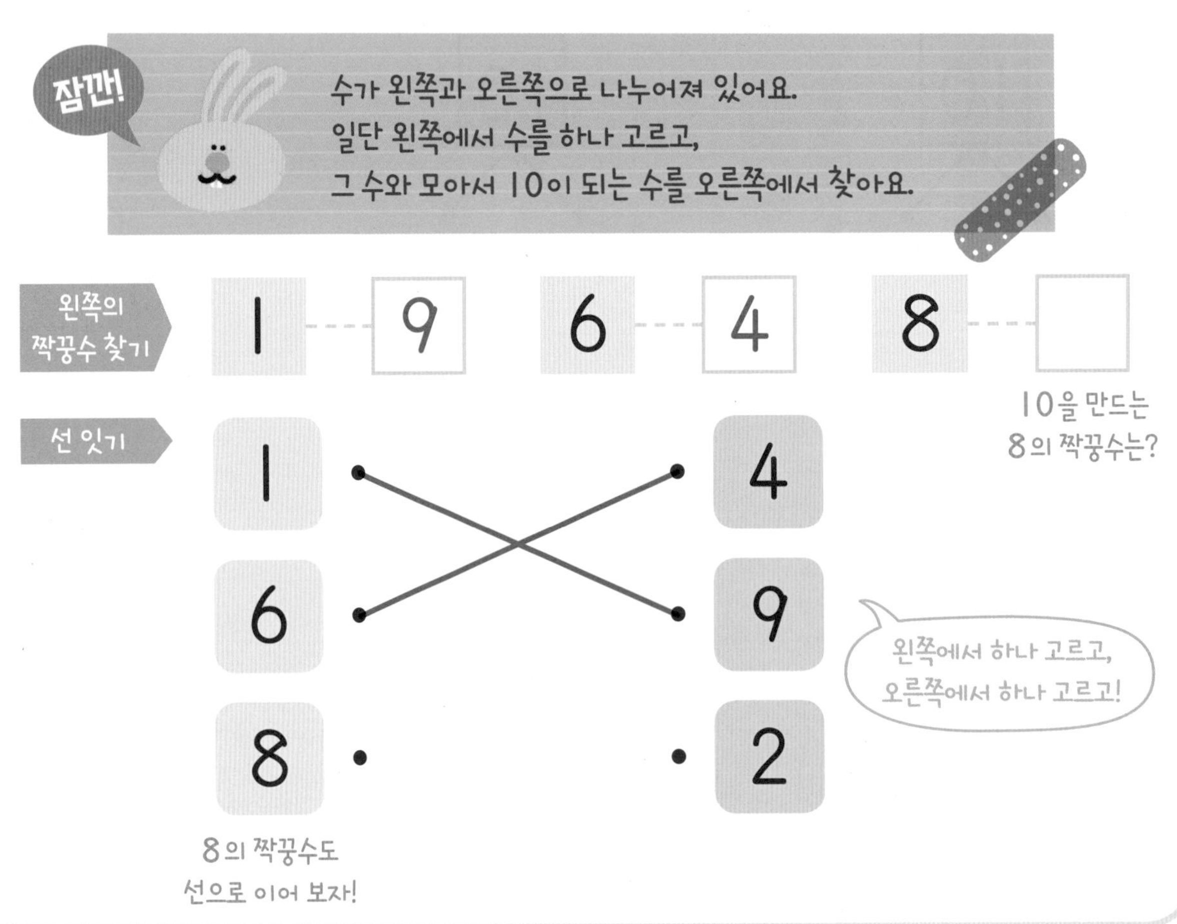

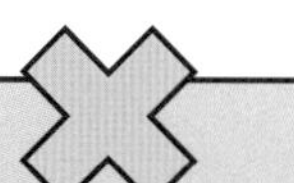

지도가이드

모아서 10이 되는 짝꿍수 찾기를 아직 어려워한다면 양손의 손가락 10개를 꼽으면서 접은 손가락과 펼친 손가락의 수를 세어 10의 짝꿍수를 말해 보게 하세요. 10의 짝꿍수를 찾는 활동은 매우 중요하므로 바로바로 말할 수 있을 때까지 계속 연습하는 것이 좋습니다.

❶ 모아서 10이 되는 두 수를 찾고 ➡ ❷ 선으로 이으세요.

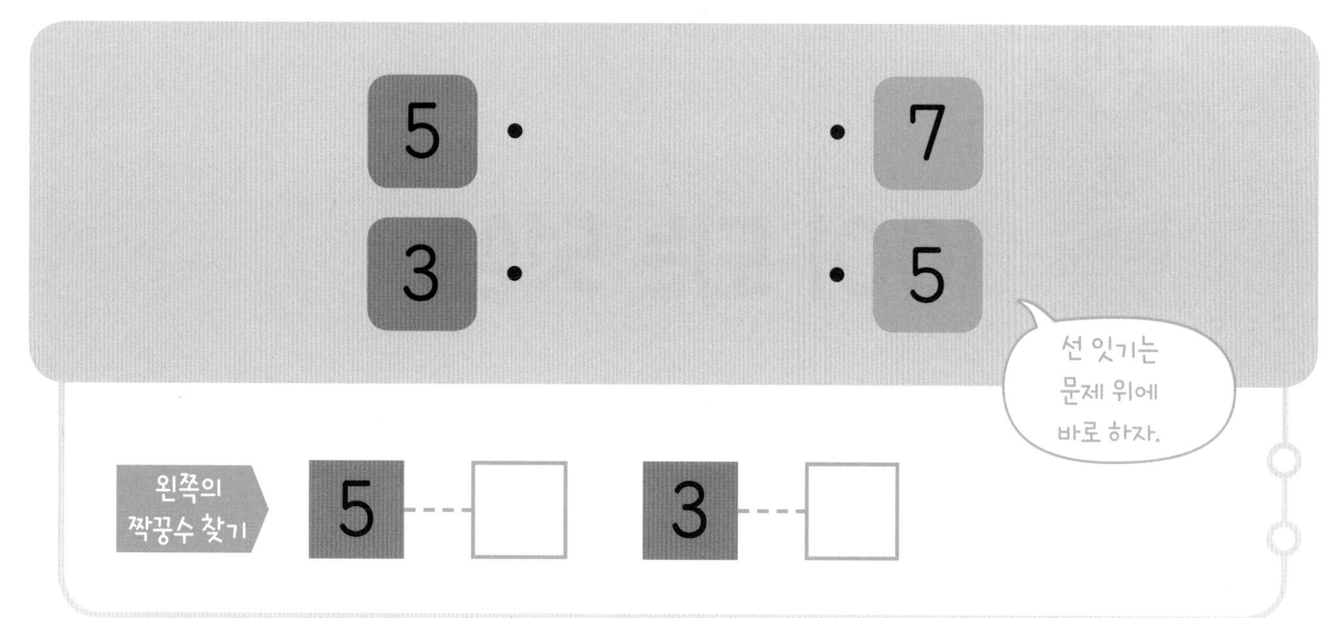

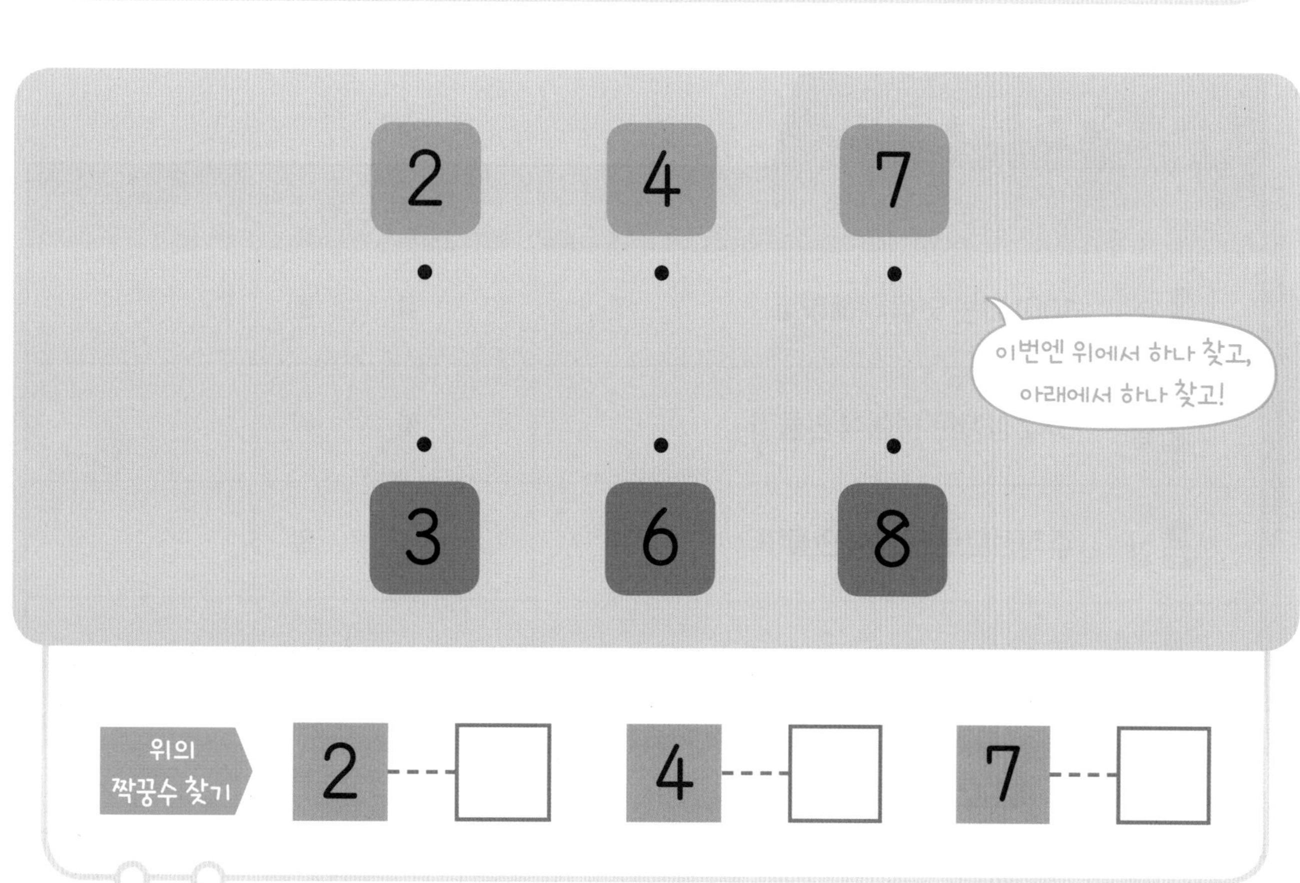

100이 되는 덧셈

어떻게 공부할까요?

	공부할 내용	공부한 날짜	확인
1일	100이 되는 덧셈 이해하기	월 일	
2일	5×2 상자로 덧셈식 만들기	월 일	
3일	수직선으로 덧셈식 만들기	월 일	
4일	수 모으기로 덧셈식 만들기	월 일	
5일	1학년 연산 미리보기 수 카드로 덧셈식 만들기	월 일	

무엇을 배울까요?

17단계에서는 두 수를 10이 되도록 모으거나 10을 두 수로 가르는 활동으로 10이 되는 짝꿍수, 즉 10의 보수 개념을 익혔습니다. 이를 바탕으로 18단계에서는 여러 가지 수식 모델을 이용하여 10이 되는 덧셈을 배웁니다. 앞에서 연습한 5×2 상자에 구슬 10개를 채우면서 10이 되는 덧셈을 익히고, 수직선을 이용하여 10까지 뛰어 세면서 10이 되는 두 수를 덧셈식으로 나타내는 방법을 공부합니다.
10이 되는 덧셈은 4권에서 배울 받아올림이 있는 덧셈의 기초를 다지는 단계입니다. 10이 되는 덧셈으로 십의 자리로 받아올림이 있는 덧셈을 준비하세요.

연산 시각화 모델

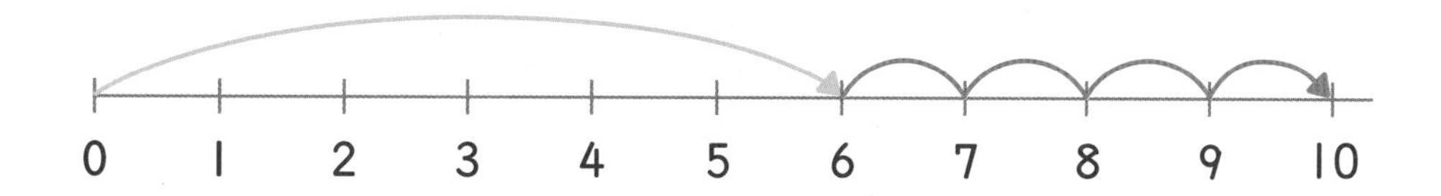

수직선 모델

수직선에서 덧셈은 오른쪽으로, 뺄셈은 왼쪽으로 움직이면서 수의 크기를 나타내므로 수직선은 연산을 이해하는 데 효과적인 모델입니다. 10까지 뛰어 세면서 10이 되는 덧셈을 연습하세요.

수 가지 모델

나뭇가지 모양으로 수 모으기를 나타낸 모델입니다. 위의 두 수를 모아서 10이 되는 모양을 보고 만들 수 있는 서로 다른 두 개의 덧셈식을 찾아보세요.

6 4 → 10

6 + 4 = 10

4 + 6 = 10

1일

10이 되는 덧셈

10이 되는 덧셈 이해하기

원리 오징어 다리가 모두 10개가 되도록 더 그리고, □ 안에 알맞은 수를 쓰세요.

$5+\square=10$

$7+\square=10$

$8+\square=10$

$\square+4=10$

지도가이드

10이 되는 덧셈에서 두 수 중 한 수를 찾는 연습을 하는 학습입니다.
오징어 다리는 모두 10개이므로 아이에게 "오징어 다리가 5개밖에 없네. 10개가 되려면 몇 개를 더 그려야 할까?"라고 물어보면서 10이 되는 덧셈식을 만들어 보세요.

□ 안에 알맞은 수를 쓰세요.

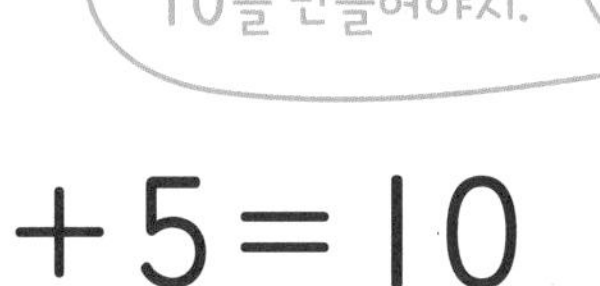

9 + □ = 10

□ + 5 = 10

4 + □ = 10

□ + 8 = 10

3 + □ = 10

□ + 2 = 10

2 + □ = 10

□ + 7 = 10

1 + □ = 10

□ + 6 = 10

2일

10이 되는 덧셈

5×2 상자로 덧셈식 만들기

원리 구슬이 모두 10개가 되도록 상자를 채우고, □ 안에 알맞은 수를 쓰세요.

10

$9+\square=10$

10

$8+\square=10$

10

$7+\square=10$

10

$\square+6=10$

10

$\square+5=10$

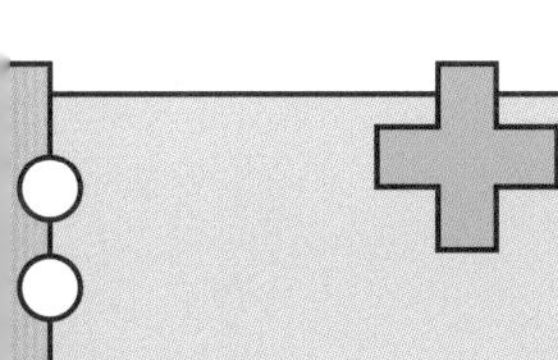

지도가이드

5×2 상자 모델을 이용하여 10이 되는 덧셈을 익힙니다. 구슬이 모두 10개가 되도록 5×2 상자의 빈칸에 나머지 구슬을 채우면 그 구슬의 수가 □ 안의 수가 됩니다.

□ 안에 알맞은 수를 쓰세요.

앞이나 뒤의 수와 더해서 10이 되는 수를 찾자.

$1+\square=10$

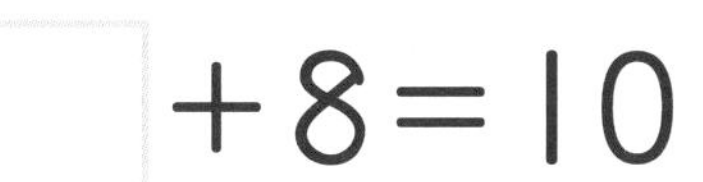

$\square+8=10$

$3+\square=10$

$\square+4=10$

$5+\square=10$

$\square+3=10$

$2+\square=10$

$\square+9=10$

$6+\square=10$

$\square+7=10$

3일

100이 되는 덧셈

수직선으로 덧셈식 만들기

원리 원숭이가 바나나 있는 곳까지 가려고 해요. 몇 칸을 더 뛰어야 할까요?

$6 + \square = 10$

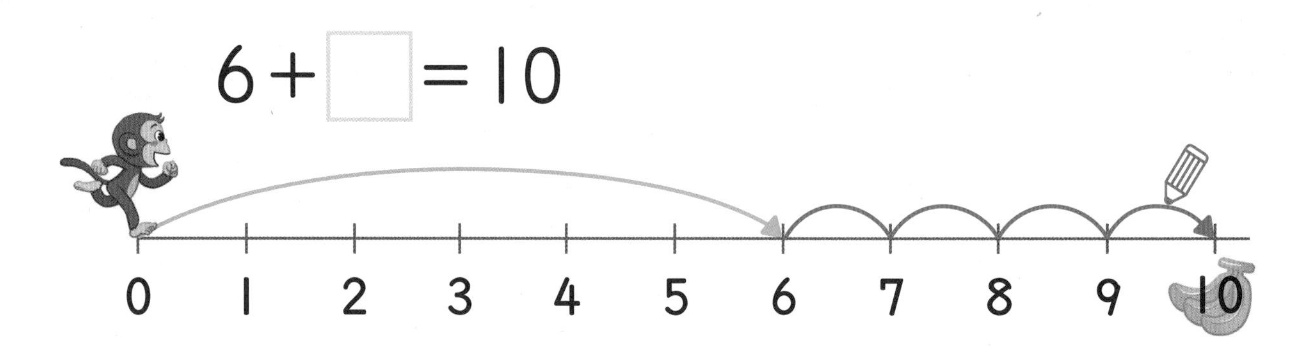

$9 + \square = 10$

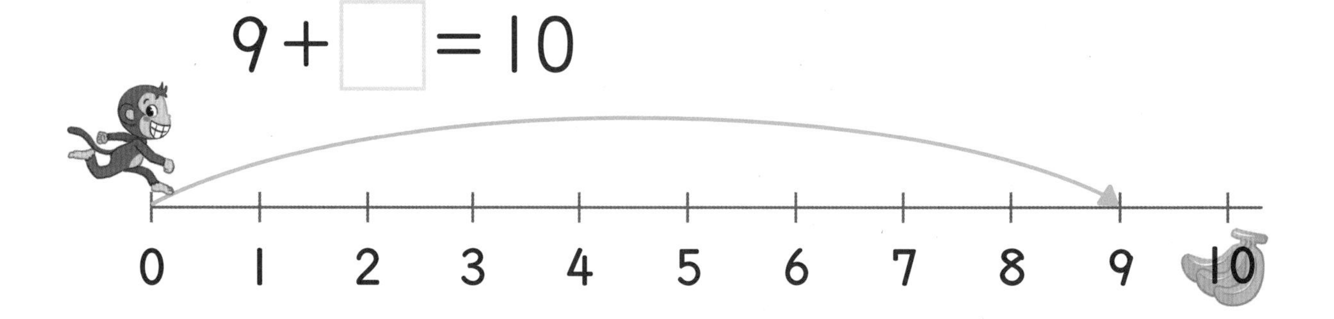

$3 + \square = 10$

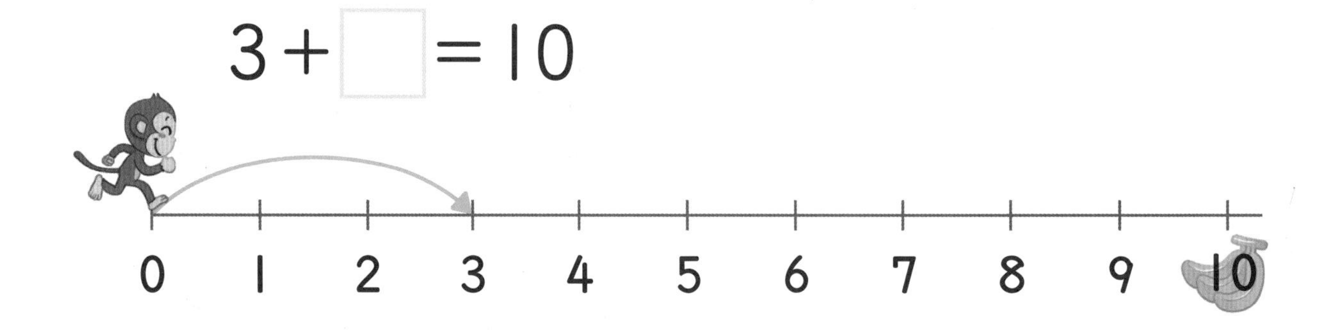

$5 + \square = 10$

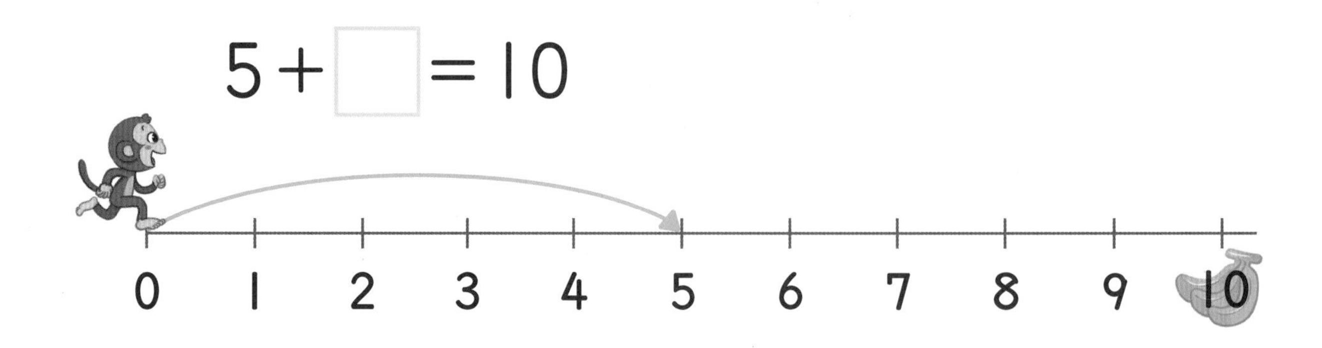

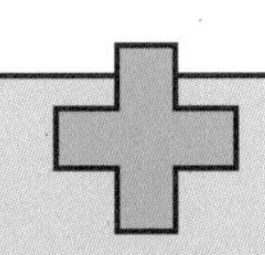

지도가이드

수직선을 이용해 뛰어 세면서 덧셈식을 완성합니다. 이미 뛰어 센 곳에서부터 10까지 이어서 뛰어 세면서 몇 칸을 더 뛰어야 하는지 찾아 덧셈식을 완성하세요.
10의 짝꿍수에 어느 정도 익숙해지면 답을 바로바로 구할 수 있도록 연습합니다.

적용 □ 안에 알맞은 수를 쓰세요.

$8+\square=10$

$\square+3=10$

$4+\square=10$

$\square+5=10$

$1+\square=10$

$\square+9=10$

$7+\square=10$

$\square+6=10$

$2+\square=10$

$\square+1=10$

10이 되는 덧셈

수 모으기로 덧셈식 만들기

원리 수 카드에 알맞은 수를 쓰고, 덧셈식을 만드세요.

4 + ☐ = 10

☐ + 4 = 10

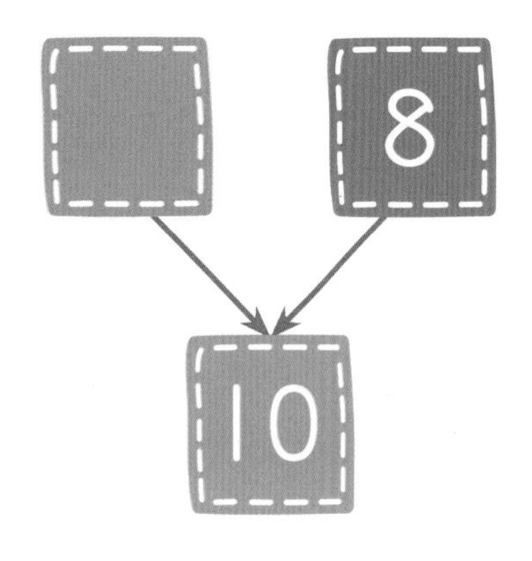

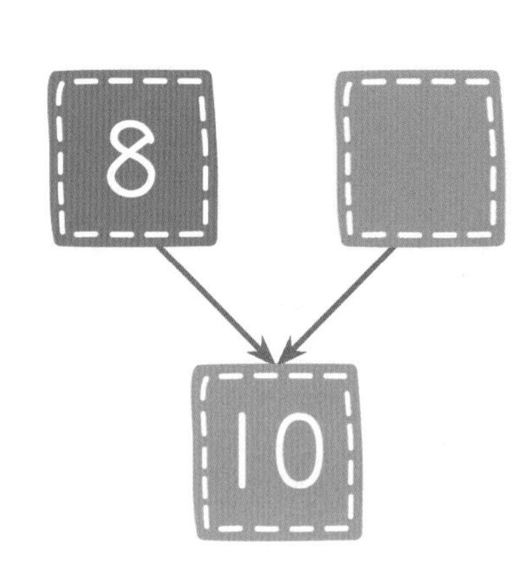

☐ + 8 = 10

8 + ☐ = 10

지도가이드

10의 짝꿍수(보수)의 개념을 10이 되는 두 수의 덧셈으로 연결시키는 문제입니다. 수 가지 모델을 보고 서로 다른 2개의 덧셈식을 만들면서 덧셈에서는 두 수를 바꾸어 더해도 계산 결과가 같다는 것을 자연스럽게 익힐 수 있습니다.

모아서 10을 만들고, 서로 다른 2개의 덧셈식을 만드세요.

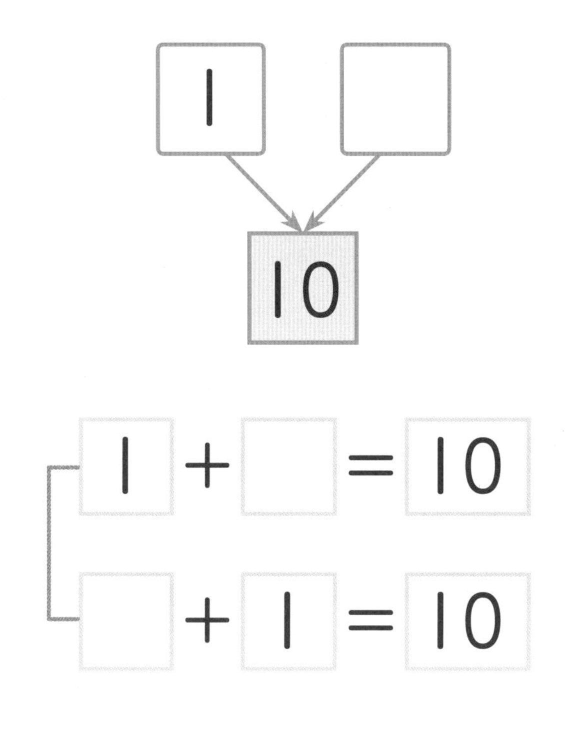

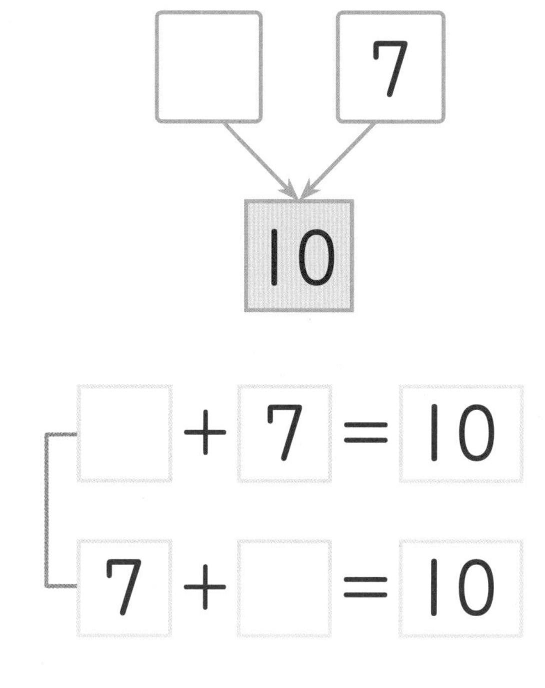

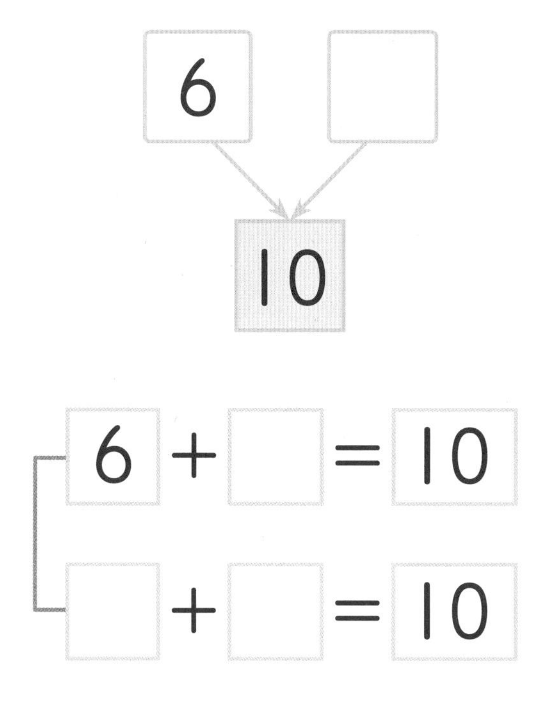

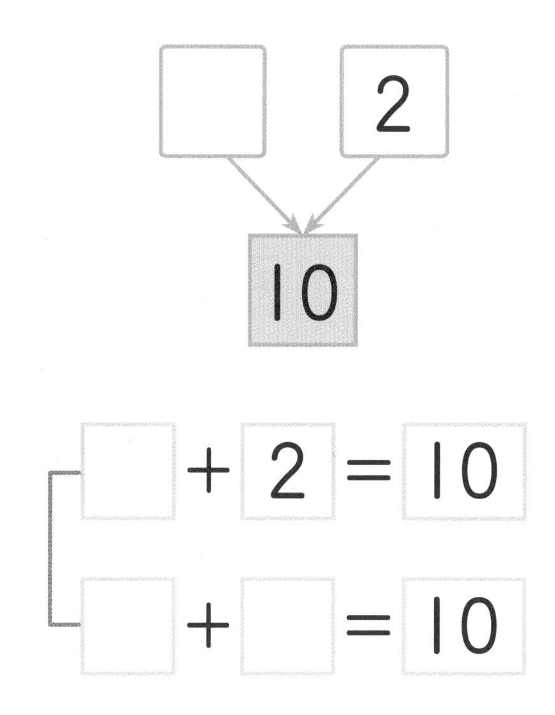

5일

1학년 연산 미리보기

수 카드로 덧셈식 만들기

❶ 모아서 10이 되는 두 수를 찾고 ➡ ❷ 덧셈식을 만드세요.

수 카드 중에서 2장을 골라 **합이 10이 되는 덧셈식**을 만드세요.

2 7 3

잠깐!

합이 10인 덧셈식은 두 수를 모으면 10이 되는 식이에요.
먼저 □+□=10으로 덧셈식을 만들고,
모아서 10이 되는 수 카드 2장을 찾아 □에 놓아요.

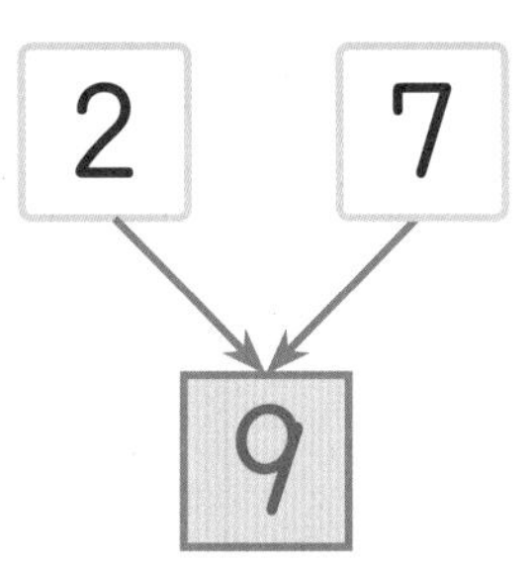

2 3 → 5

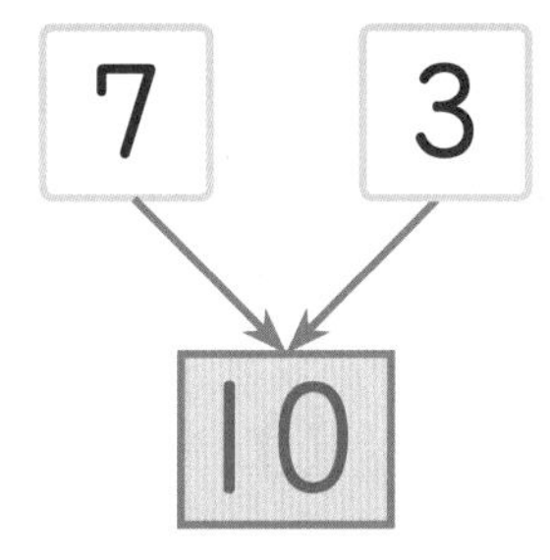

→ 모아서 10이 되는 짝꿍수 카드는 7, 3 입니다.

합이 10인 덧셈식

7 + □ = 10

□ + 7 = 10

모아서 10이 되는 두 수를 찾아서 덧셈식을 만들어 보는 문제입니다.
10이 되는 짝꿍수를 한번에 찾을 수 없다면 수 카드로 덧셈식을 모두 만들어 보고 답을 찾을 수도 있습니다. 수 카드 3장 중에서 2장을 뽑아 만들 수 있는 덧셈식은 모두 6개입니다.

❶ 모아서 10이 되는 두 수를 찾고 ➡ ❷ 덧셈식을 만드세요.

수 카드 중에서 2장을 골라 **합이 10이 되는 덧셈식**을 만드세요.

합이 10인 덧셈식

□ + □ = 10

□ + □ = 10

수 카드 중에서 2장을 골라 **합이 10이 되는 덧셈식**을 만드세요.

합이 10인 덧셈식

□ + □ = 10

□ + □ = 10

10에서 빼는 뺄셈

어떻게 공부할까요?

	공부할 내용	공부한 날짜	확인
1일	10에서 빼는 뺄셈 이해하기	월 일	
2일	5×2 상자로 뺄셈식 만들기	월 일	
3일	수직선으로 뺄셈식 만들기	월 일	
4일	수 가르기로 뺄셈식 만들기	월 일	
5일	1학년 연산 미리보기 어떤 수 구하기	월 일	

무엇을 배울까요?

초등 연계 **[1-2]** 2. 덧셈과 뺄셈(1)

18단계에서는 10이 되는 짝꿍수를 바탕으로 10이 되는 덧셈을 배웠습니다. 19단계에서는 여러 가지 수식 모델을 이용하여 10에서 빼는 뺄셈을 배웁니다. 5×2 상자에서 구체물 10개를 자유롭게 나누면서 10에서 빼는 뺄셈을 연습하고, 수직선에서 빼는 수만큼 거꾸로 세면서 뺄셈식으로 나타내는 방법을 공부합니다.

10에서 빼는 뺄셈은 10에 대한 보수 개념을 확실히 이해할 수 있도록 돕고, 앞으로 배울 받아내림이 있는 뺄셈의 기초가 됩니다. 10에서 빼는 뺄셈으로 십의 자리에서 받아내림이 있는 뺄셈을 준비하세요.

연산 시각화 모델

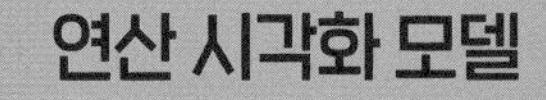

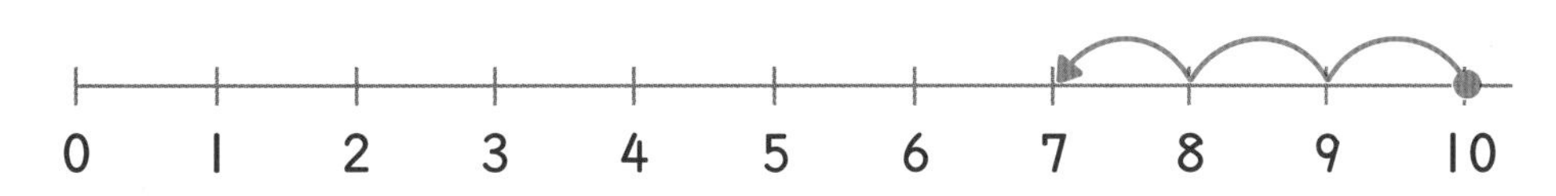

수직선 모델

수직선은 오른쪽으로 움직이면 더하기, 왼쪽으로 움직이면 빼기로 연산을 표현하기에 효과적인 모델입니다. 10에서 빼는 뺄셈이므로 10에서 빼는 수만큼 왼쪽으로 이동하면 도착한 곳이 답임을 알려 주세요.

수 가지 모델

나뭇가지 모양으로 수 가르기를 나타낸 모델입니다. 위의 10을 아래에 있는 두 수로 가르는 모양을 보고 만들 수 있는 서로 다른 두 개의 뺄셈식을 찾아보세요.

10 → 6, 4

10 − 6 = 4

10 − 4 = 6

1일

10에서 빼는 뺄셈

10에서 빼는 뺄셈 이해하기

원리 볼링 핀이 모두 10개 있어요. 서 있는 볼링 핀은 몇 개일까요?

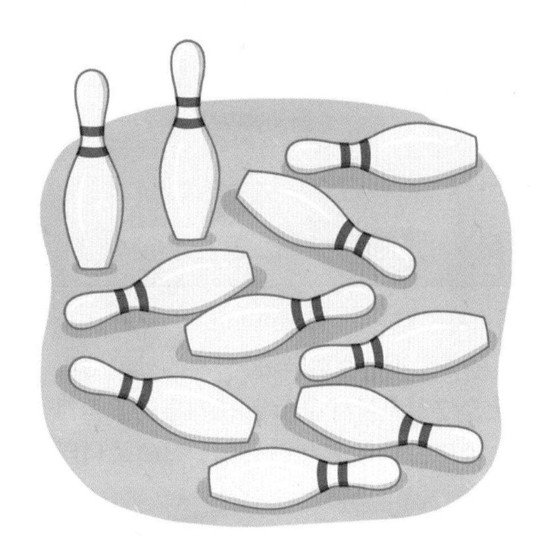

$10-8=\square$

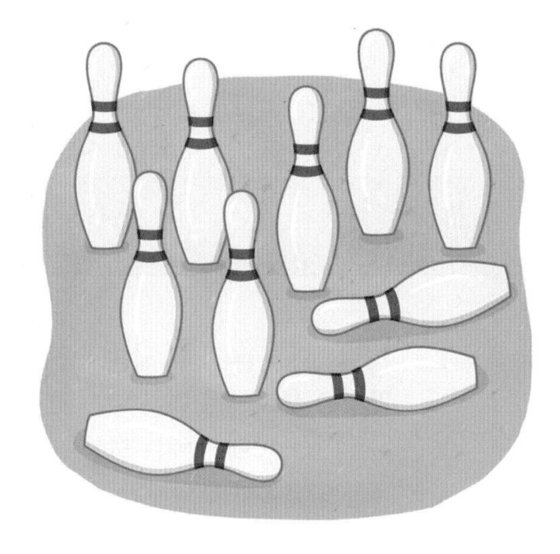

$10-3=\square$

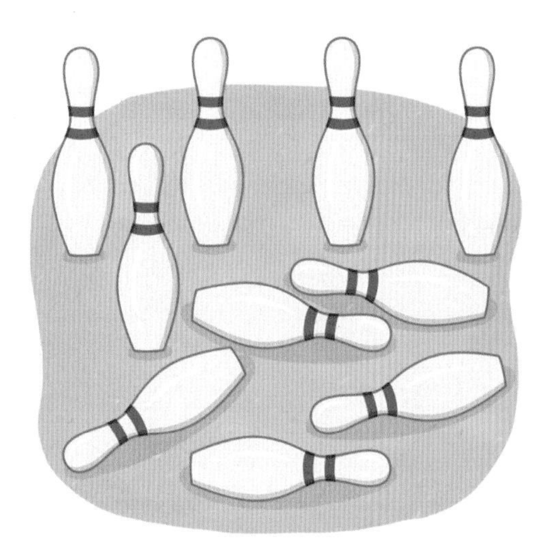

$10-5=\square$

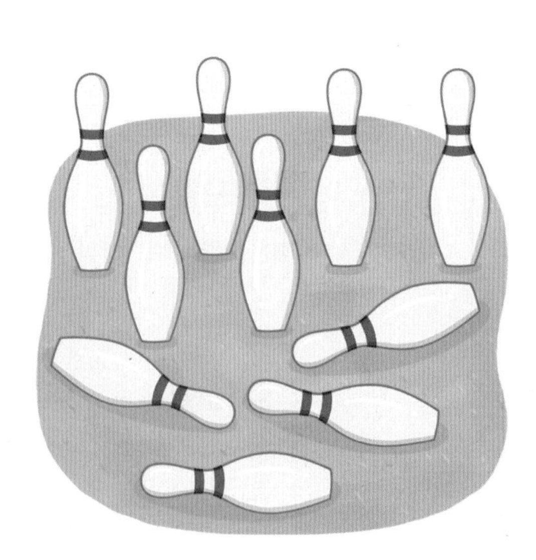

$10-4=\square$

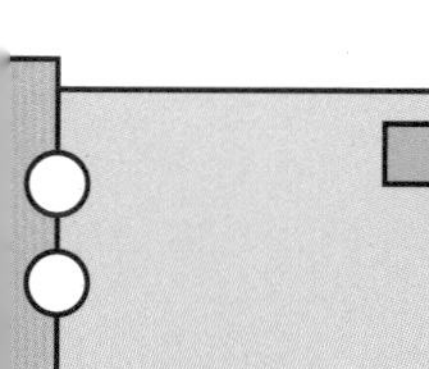

지도가이드

볼링 핀은 모두 10개입니다. 쓰러지지 않고 서 있는 볼링 핀의 수를 세면 쉽게 답을 찾을 수 있지만, 쓰러진 볼링 핀과 쓰러지지 않고 서 있는 볼링 핀의 수를 각각 세면서 뺄셈식을 완성해 봅니다. 10의 보수를 다시 한 번 익힐 수 있도록 지도해 주세요.

적용 뺄셈을 하세요.

$10-7=\square$

$10-2=\square$

$10-4=\square$

$10-9=\square$

$10-6=\square$

$10-3=\square$

$10-9=\square$

$10-8=\square$

$10-1=\square$

$10-5=\square$

2일

10에서 빼는 뺄셈

5×2 상자로 뺄셈식 만들기

원리 컵케이크 상자를 둘로 가르고, □ 안에 알맞은 수를 쓰세요.

10 − □ = 8

10 − □ = 5

10 − □ = 4

10 − □ = 7

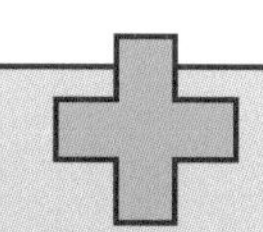

지도가이드

5×2 모양 상자를 둘로 가르면서 10에서 빼는 뺄셈을 합니다.
'=' 오른쪽의 수가 상자를 갈랐을 때 오른쪽에 남도록 컵케이크 10개를 둘로 가르면 왼쪽의 컵케이크 수가 □ 안에 알맞은 수입니다.

적용 □ 안에 알맞은 수를 쓰세요.

10 − □ = 3

10 − □ = 6

10 − □ = 7

10 − □ = 2

10 − □ = 1

10 − □ = 5

10 − □ = 6

10 − □ = 8

10 − □ = 4

10 − □ = 9

3일

10에서 빼는 뺄셈

수직선으로 뺄셈식 만들기

원리 개구리가 집에 돌아가려고 해요. 집까지 몇 칸 남았을까요?
수직선에 화살표를 그리고, 뺄셈을 하세요.

10－3＝☐

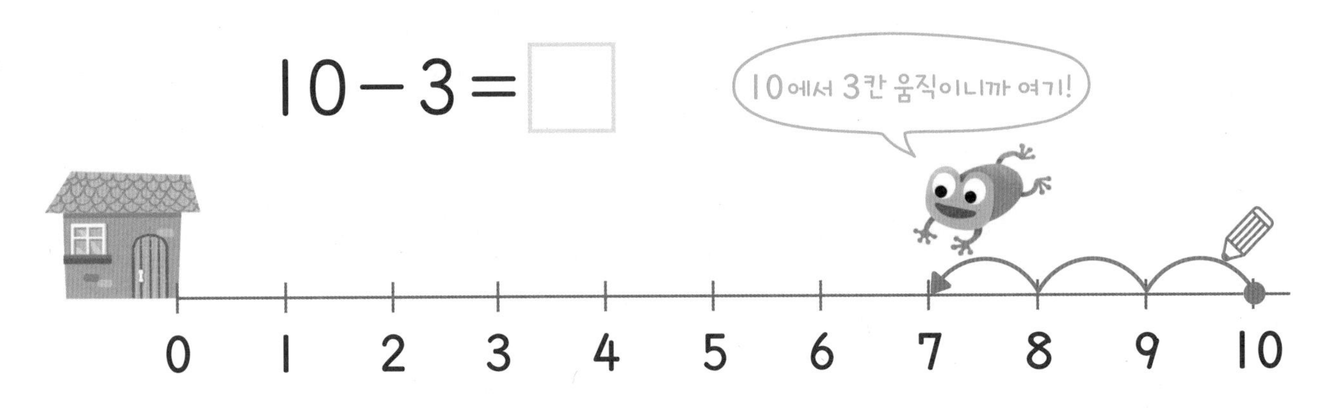

10－☐＝8

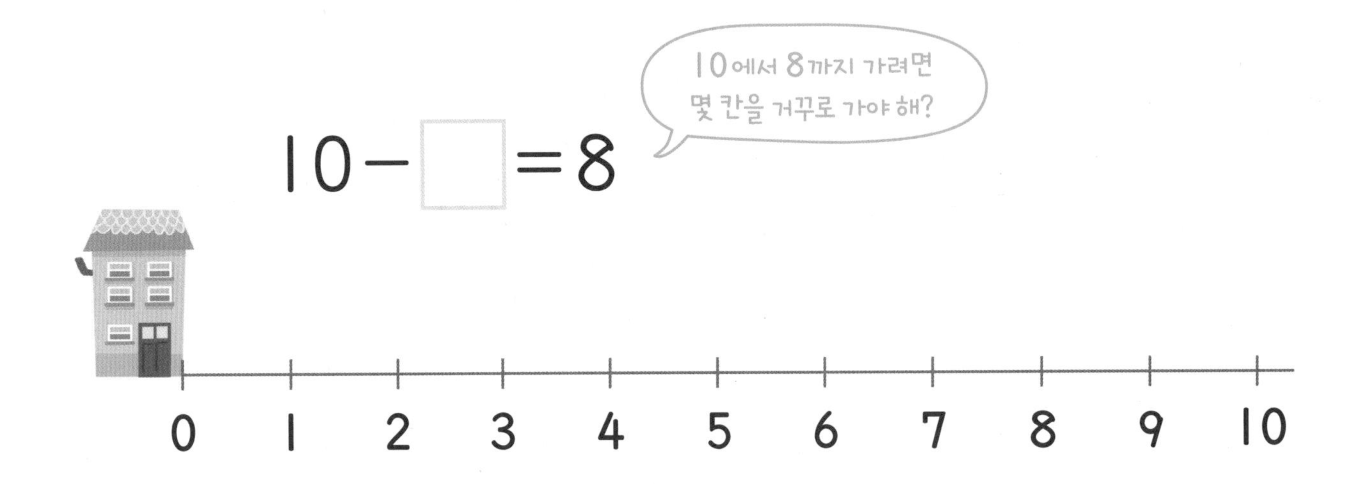

10－☐＝6

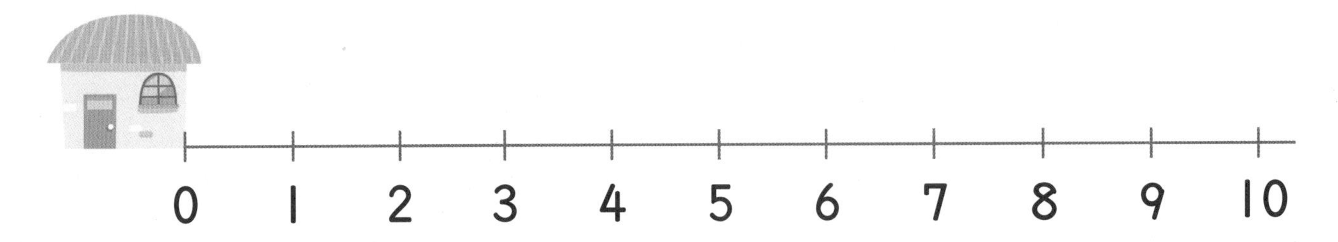

지도가이드

10에서 시작하여 빼는 수만큼 '거꾸로 세기'를 하는 방법입니다. 10에서 빼는 수만큼 왼쪽으로 움직여 도착한 곳이 집까지 남은 거리입니다. 빼는 수를 구하는 경우에는 '=' 오른쪽의 수에 도착하도록 화살표를 그리고, 몇 칸 움직였는지 그 수를 세어 보세요.

□ 안에 알맞은 수를 쓰세요.

$10-8=\square$

$10-\square=9$

$10-7=\square$

$10-\square=6$

$10-5=\square$

$10-\square=3$

$10-2=\square$

$10-\square=1$

$10-4=\square$

$10-\square=7$

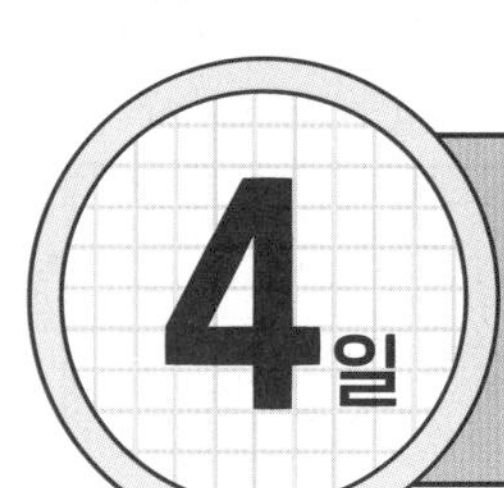

10에서 빼는 뺄셈

수 가르기로 뺄셈식 만들기

수 카드에 알맞은 수를 쓰고, 뺄셈식을 만드세요.

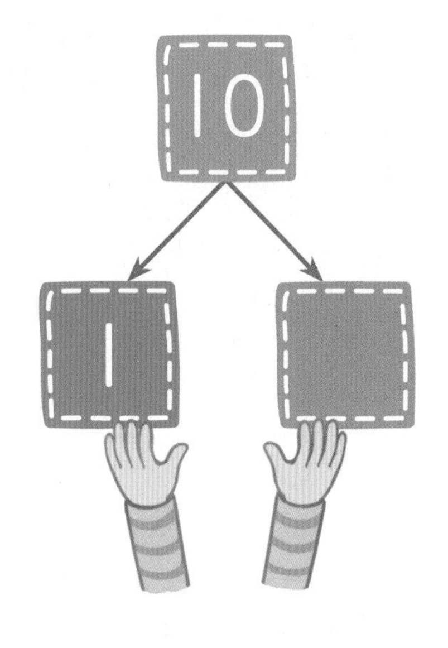

10 − 1 = □

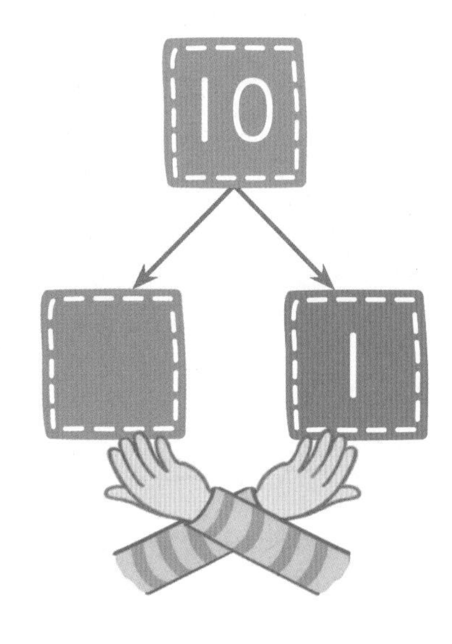

10 − □ = 1

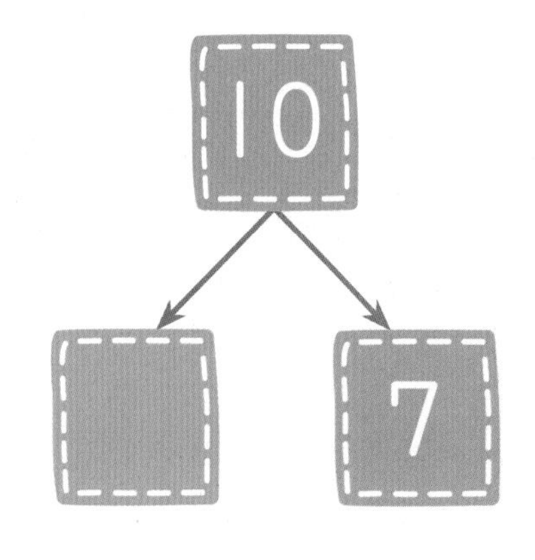

10 − □ = 7

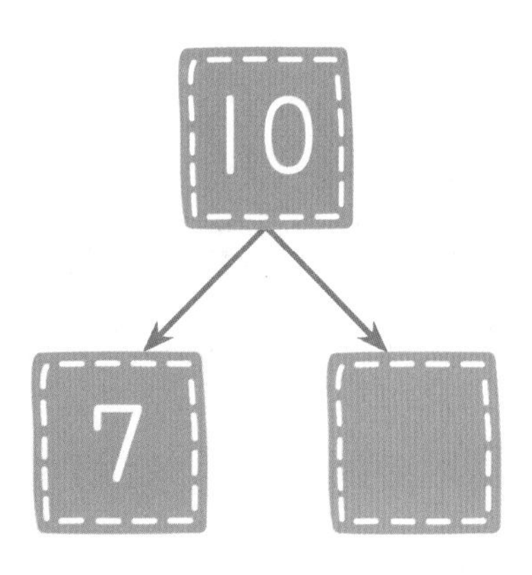

10 − 7 = □

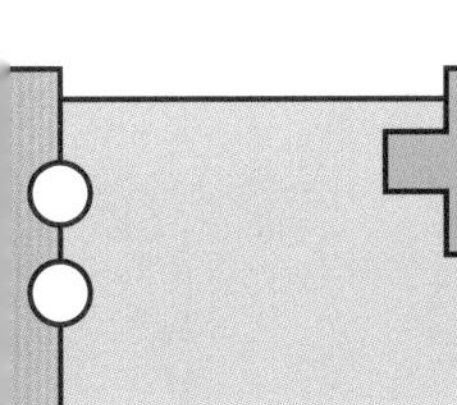

지도가이드

모아서 10을 만들면서 서로 다른 2개의 덧셈식을 만들었던 것과 같이 10을 두 수로 가르는 수 가지 모델로 서로 다른 2개의 뺄셈식을 만들 수 있어요. 10을 두 수로 갈랐을 때 10에서 한 수를 빼면 남은 수가 됩니다. 10을 두 수로 가르면서 자연스럽게 뺄셈과 연결시킬 수 있게 도와주세요.

적용 10을 두 수로 가르고, 서로 다른 2개의 뺄셈식을 만드세요.

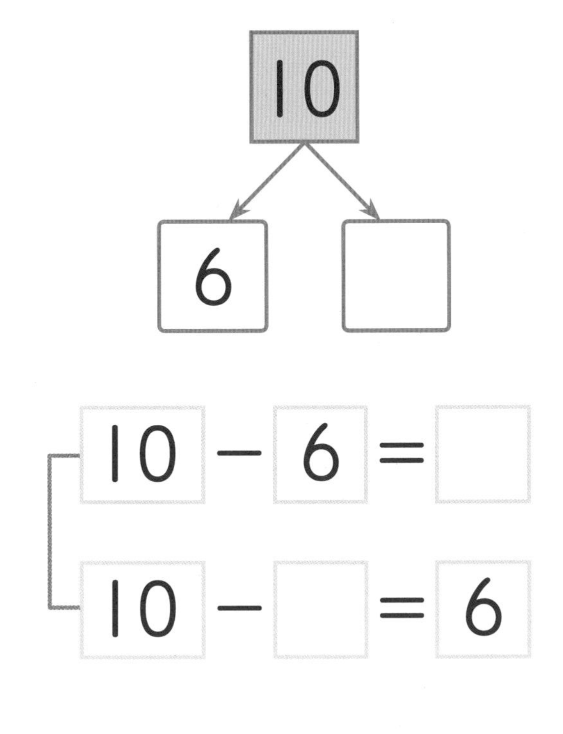

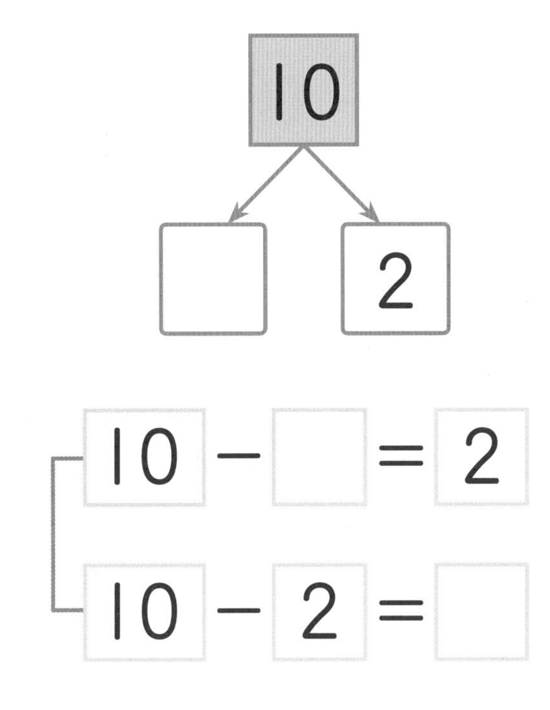

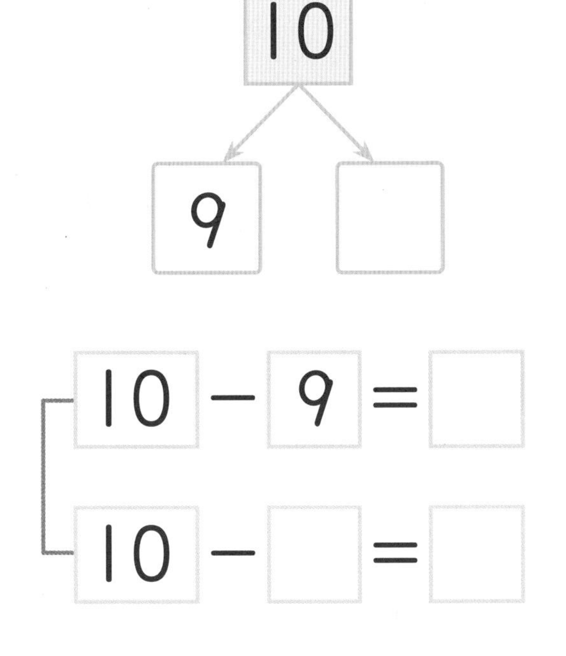

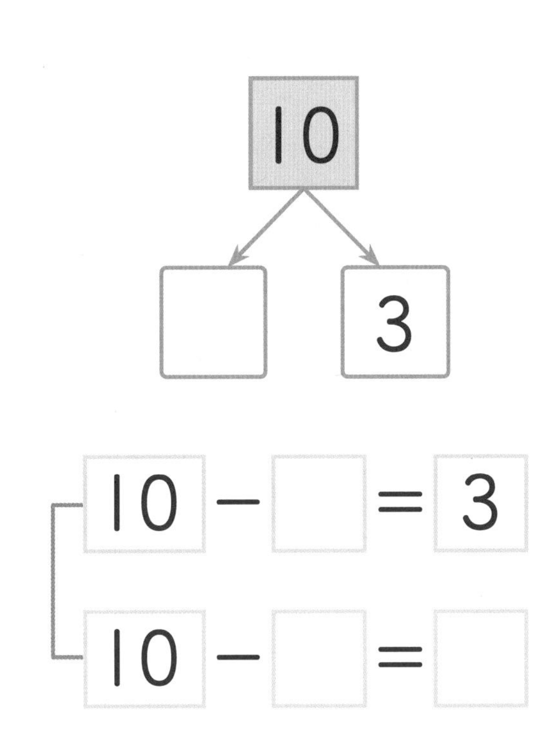

5일

1학년 연산 미리보기

어떤 수 구하기

❶ 어떤 수를 □로 놓고 ➡ ❷ 식을 세우고 ➡ ❸ 답을 구하세요.

10에서 어떤 수를 뺐더니 6이 되었습니다.
어떤 수는 얼마일까요?

잠깐!

'어떤 수'는 우리가 아직 모르는 수를 부르는 말이에요.
글자로 식을 만들면 복잡해 보이니까 '어떤 수' 대신
□로 간단하게 나타내고, □를 찾아보세요.

그림

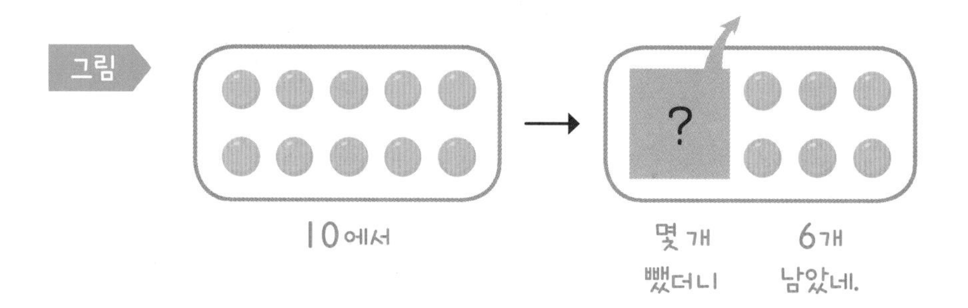

문장

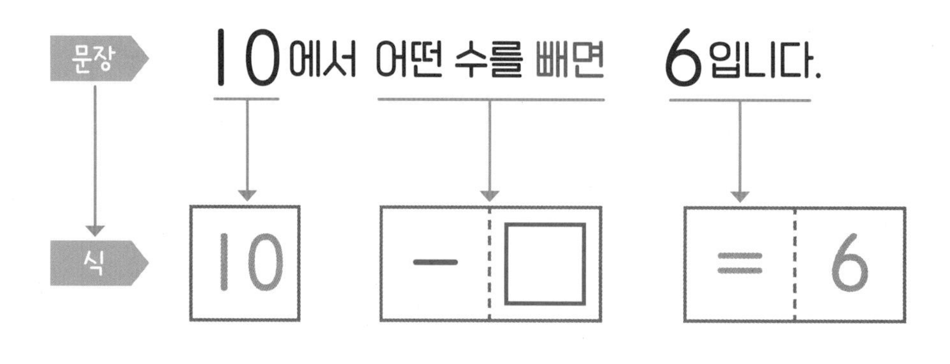

답 어떤 수는 ________ 입니다.

지도가이드

초등학교에서는 어떤 수를 구하는 문제가 자주 등장합니다. 어떤 수를 □로 놓고 식을 세우는 연습을 해 두면 쉽게 답을 찾을 수 있습니다. 식을 만들 때 어떤 수는 □를 주로 사용하여 나타내지만, 다른 모양(○, △, ☆, ◇)으로 나타낼 수도 있습니다.

❶ 어떤 수를 □로 놓고 ➡ ❷ 식을 세우고 ➡ ❸ 답을 구하세요.

8에 어떤 수를 더했더니 10이 되었습니다.
어떤 수는 얼마일까요?

식

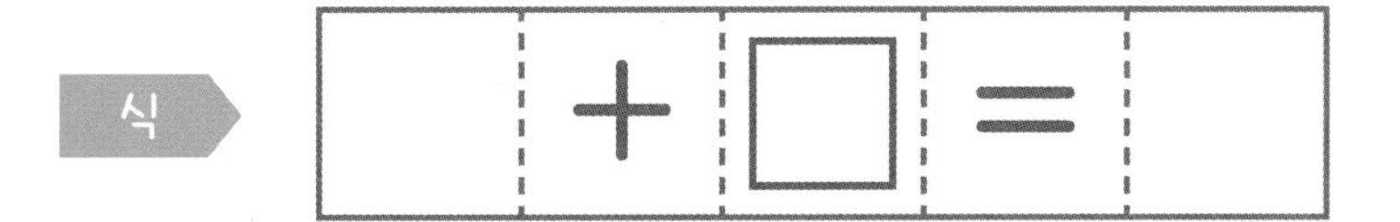

	+	□	=	

답 어떤 수는 ________ 입니다.

10에서 어떤 수를 뺐더니 1이 되었습니다.
어떤 수는 얼마일까요?

식

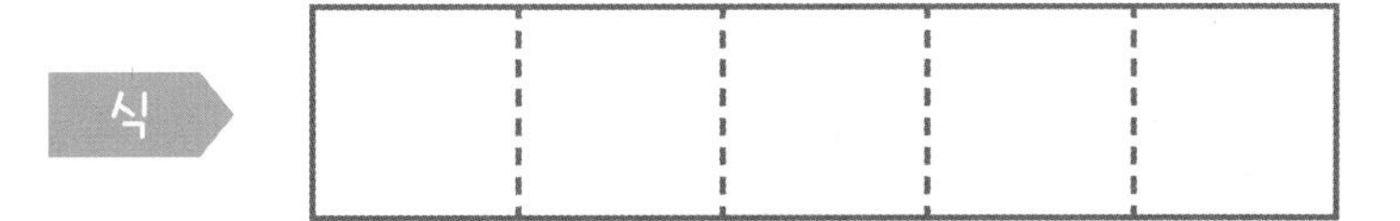

답 어떤 수는 ________ 입니다.

19까지의 수

어떻게 공부할까요?

	공부할 내용	공부한 날짜	확인
1일	11부터 19까지의 수	월 일	
2일	십몇 세기	월 일	
3일	십몇 익히기	월 일	
4일	십몇의 구조	월 일	
5일	1학년 연산 미리보기 묶음과 낱개 표현 익히기	월 일	

무엇을 배울까요?

초등 연계 [1-1] 5. 50까지의 수

20단계에서는 1부터 19까지의 수에 대한 수량 감각을 기릅니다.
자연수는 10을 기준으로 하는 십진기수법 체계로 이루어져 있습니다. 10개씩 묶음의 단위를 이해하는 것은 이 단계뿐 아니라 앞으로 배우는 덧셈 과정에서도 꼭 필요한 내용이므로 여러 가지 수식 모델을 이용하여 십몇의 수량 감각을 익히세요. 이 과정에서 10보다 큰 수는 10개씩 묶음과 낱개로 구성되어 있고, 1부터 9까지의 수와 낱개 부분은 같지만 10개씩 묶음이 1개 더 생긴다는 사실을 알 수 있습니다.

연산 시각화 모델

5×2 상자 모델

십몇을 세는 훈련을 합니다. 5×2 상자에 그려진 구슬의 수를 알아보면서 10을 기준으로 셀 수 있습니다. 10개에 1개 더 있으면 11개, 2개 더 있으면 12개, 6개 더 있으면 16개로 수를 쉽게 셀 수 있도록 돕는 모델입니다. 일상생활에서도 10개씩 묶어 보면서 수를 세어 보세요.

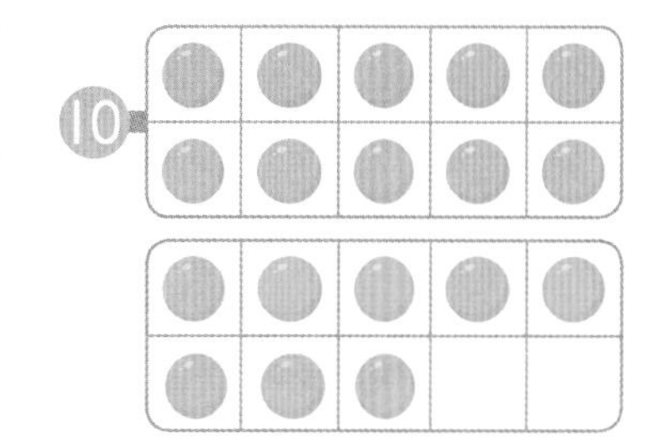

10 묶어 세기 모델

눈으로 한번에 수를 세기 어려운 구체물을 10개씩 묶어 세는 방법입니다. 10개씩 묶어 보면서 십몇을 세는 훈련을 하세요.

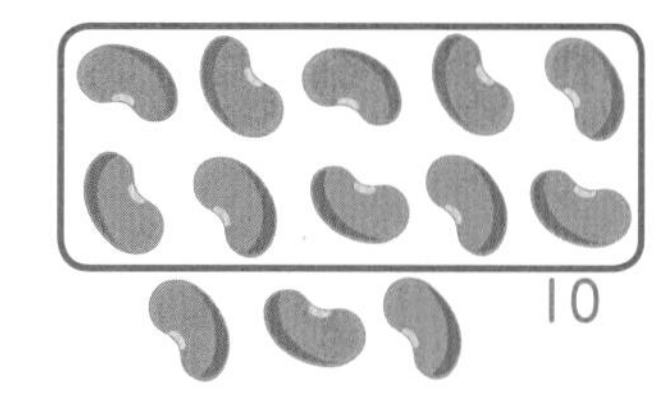

1일

19까지의 수

11부터 19까지의 수

구슬은 모두 몇 개일까요? 수를 써 보세요.

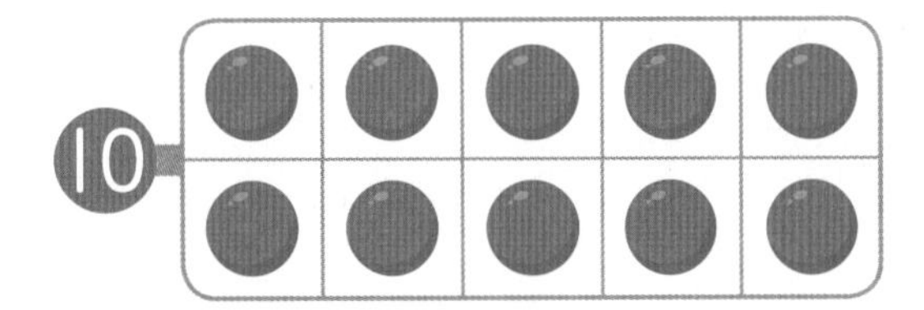
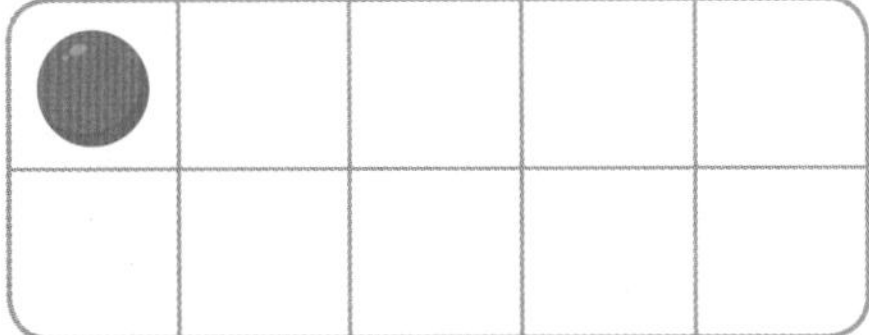
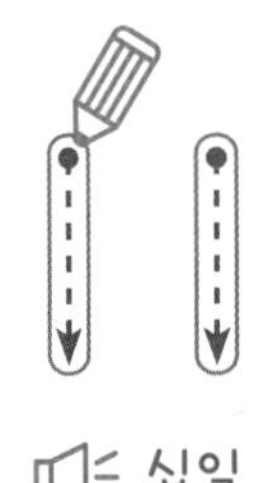

십일

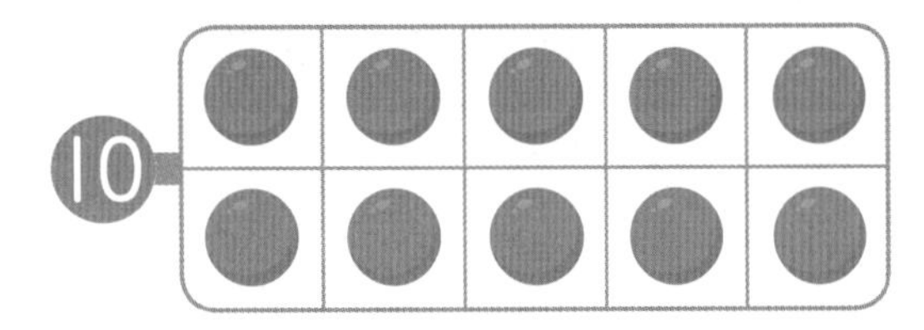
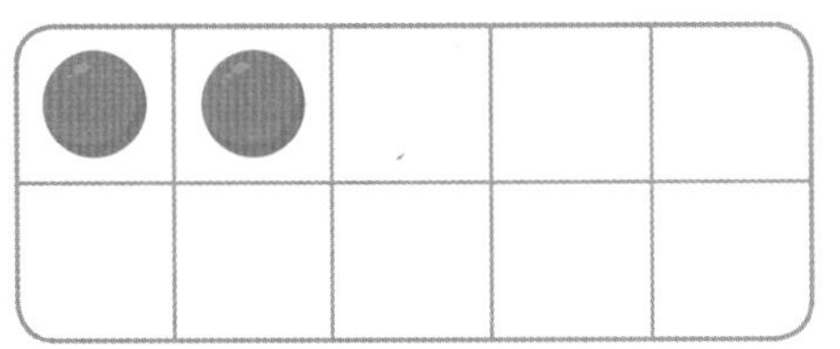

십이

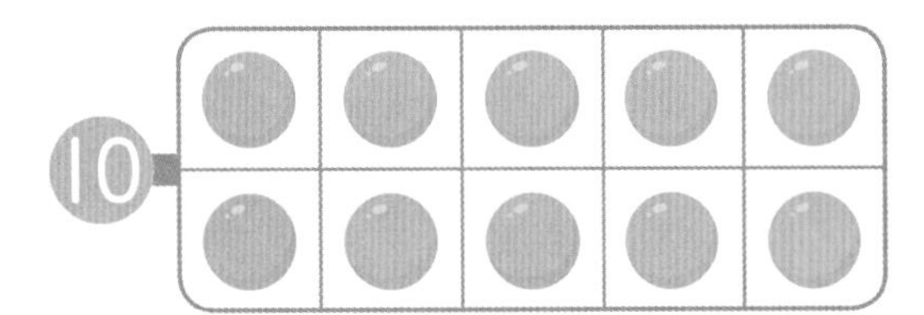
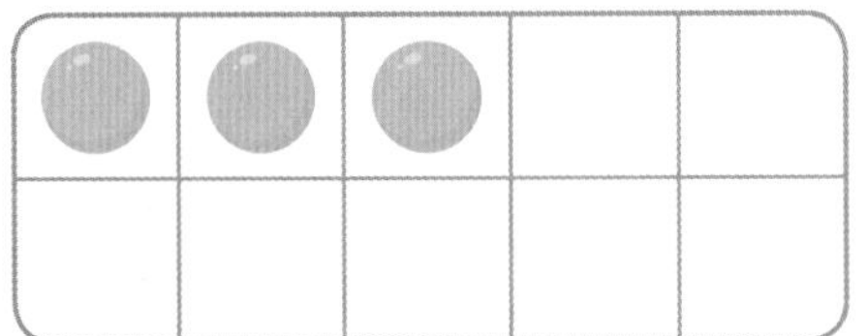

십삼

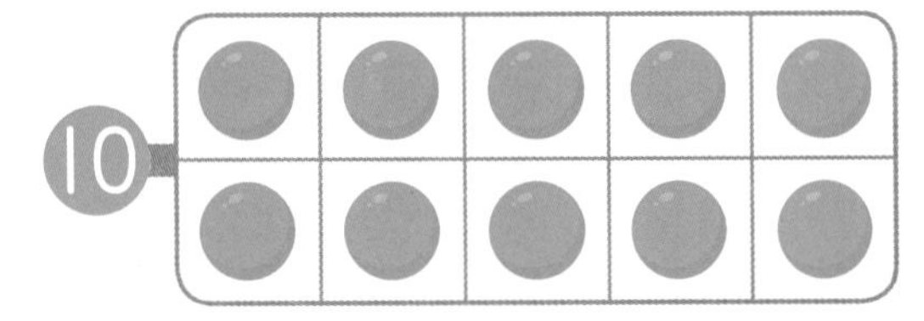
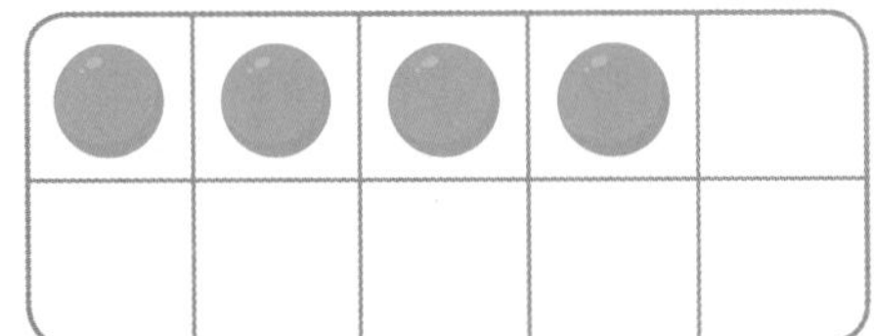
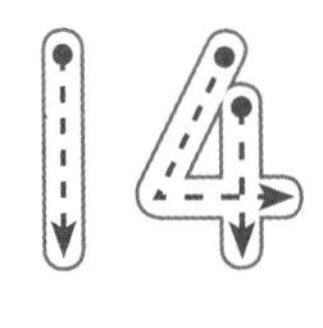

십사

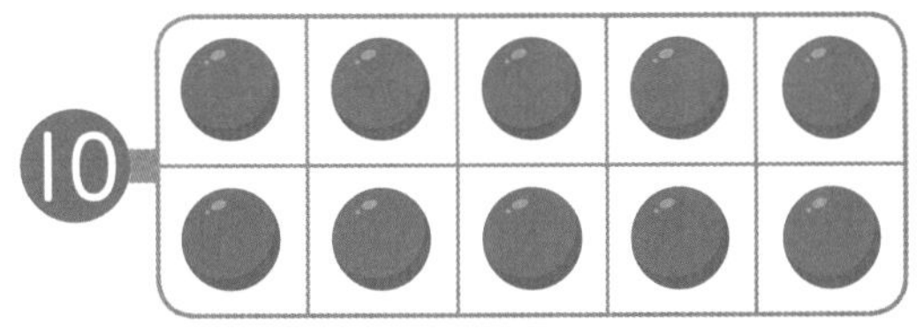
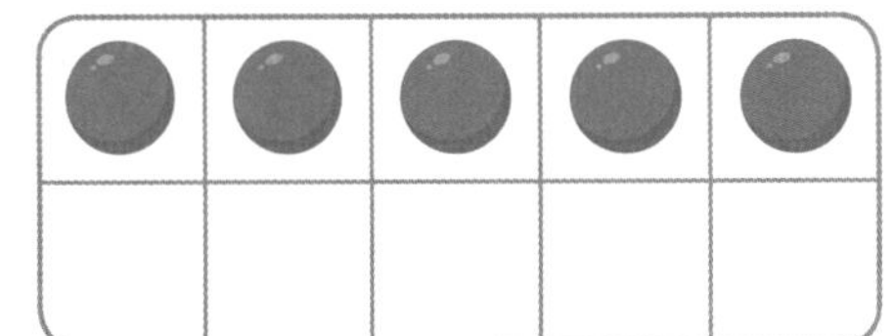

십오

지도가이드

구슬의 수가 10부터 차례로 하나씩 더 많아지는 모습을 보면서 십몇의 수량 감각을 익힙니다. 처음엔 하나씩 세어 보면서 수를 익히고, 이후에는 '10개씩 묶음 1개와 낱개 1개는 11', '10개씩 묶음 1개와 낱개 2개는 12'로 수량을 묶음으로 파악하면서 익힐 수 있도록 지도해 주세요.

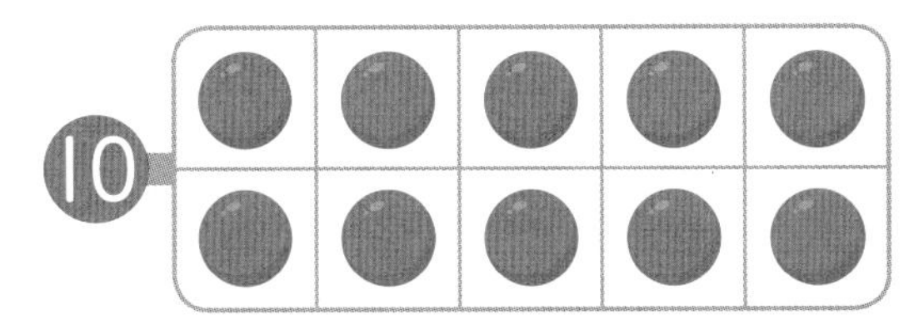
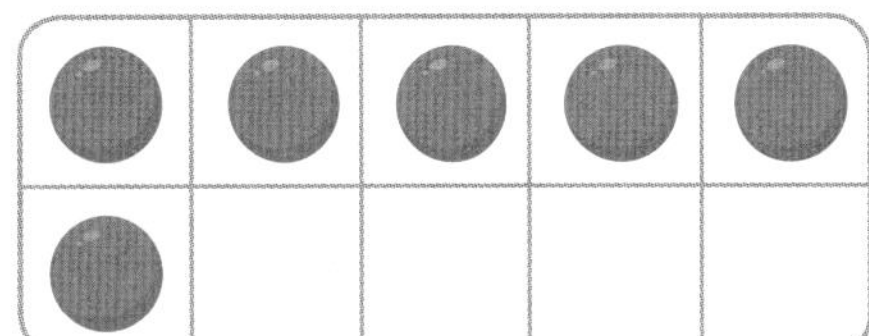
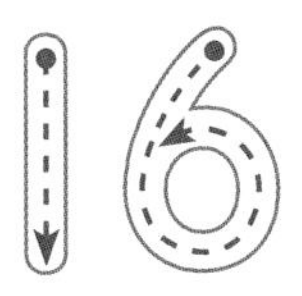

십육

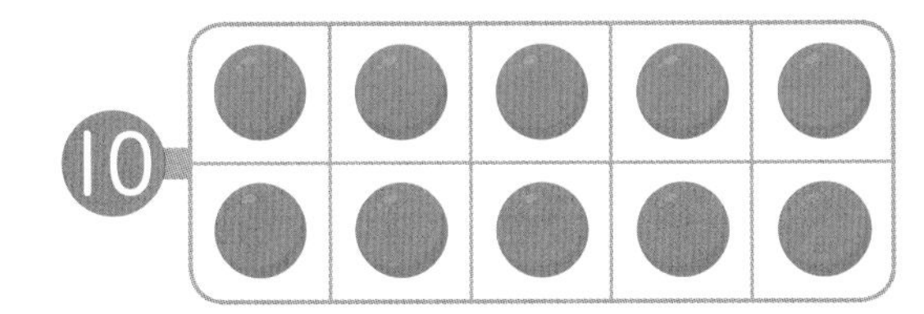
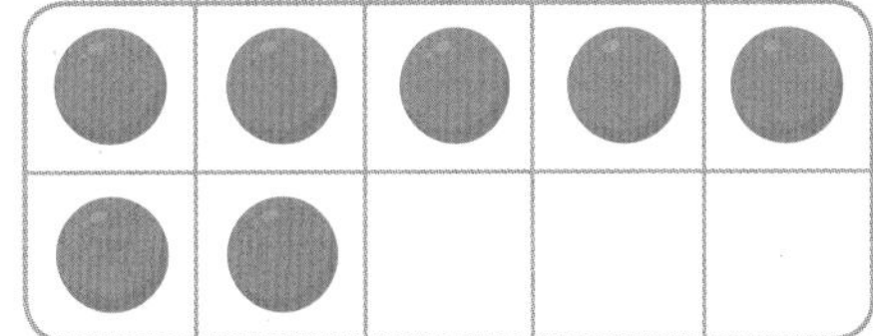
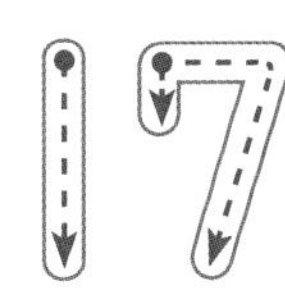

십칠

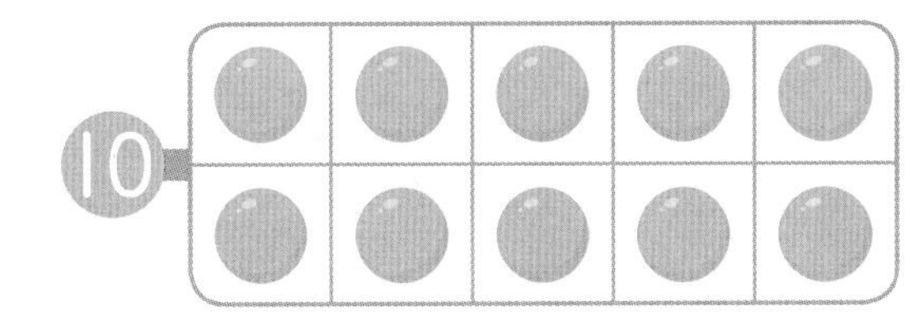
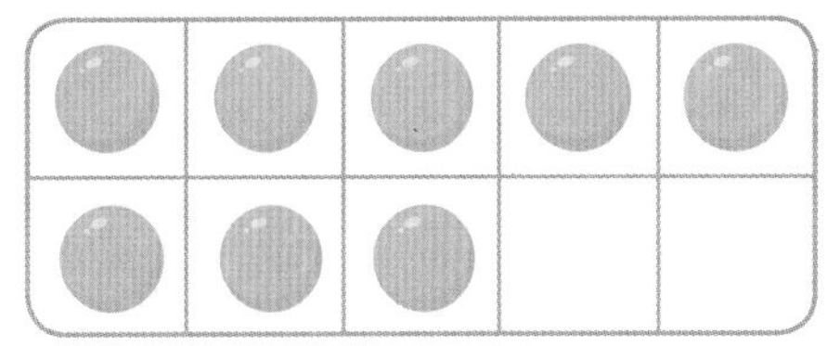
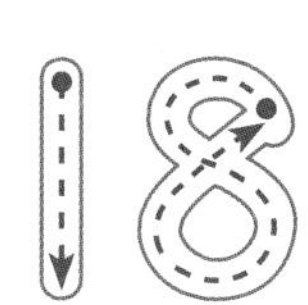

십팔

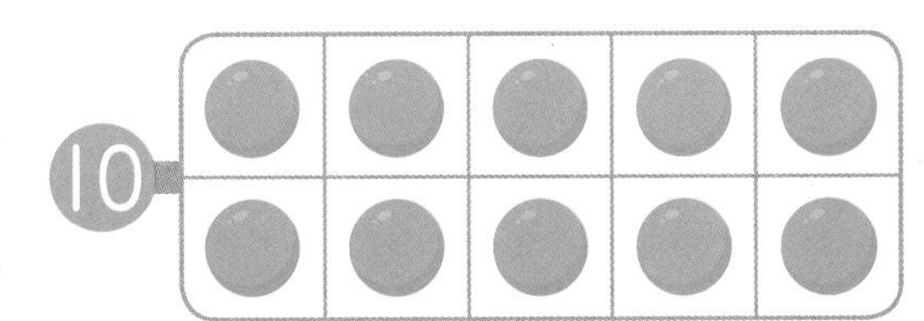
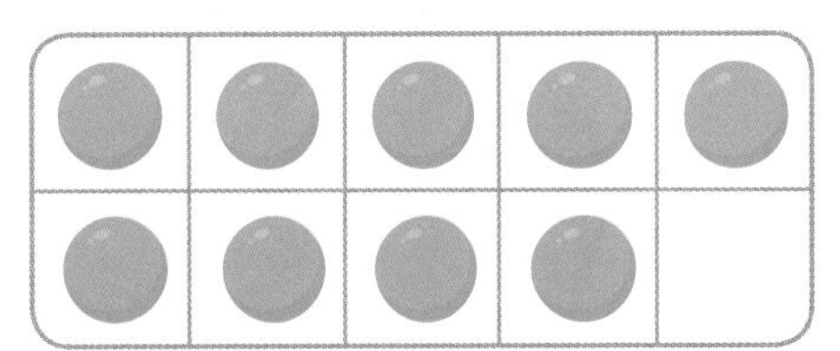
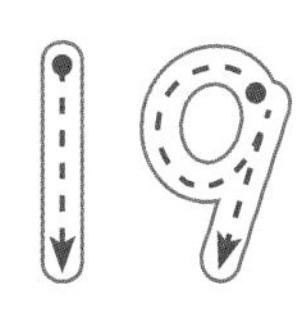

십구

11부터 19까지 수를 읽으면서 쓰세요.

11	12					17		19

19까지의 수

십몇 세기

주어진 수에 맞게 빈 쟁반에 복숭아 스티커를 더 붙이세요. 

복숭아가 10개 있네.

3개 더 있으면 13이야!

지도가이드

"복숭아를 모두 13개 담으려면 10개에 몇 개가 더 있어야 할까?"라고 물어 보고 "십일, 십이, 십삼"이라고 주어진 수가 될 때까지 이어 세면서 스티커를 붙이세요. 10개씩 묶음의 개념은 일상생활에서도 연습할 수 있습니다. 수량이 많이 있는 것으로 연필, 젤리, 사탕 등을 10개씩 묶으면서 수를 세어 보세요.

적용 콩은 모두 몇 개일까요? 10개를 묶고, 콩의 수를 세어 보세요.

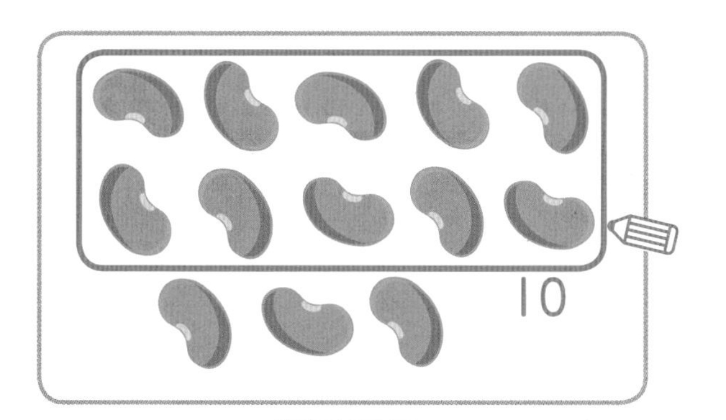

13

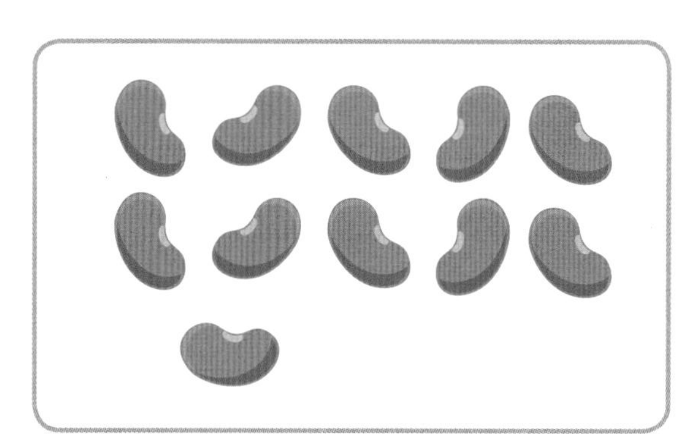

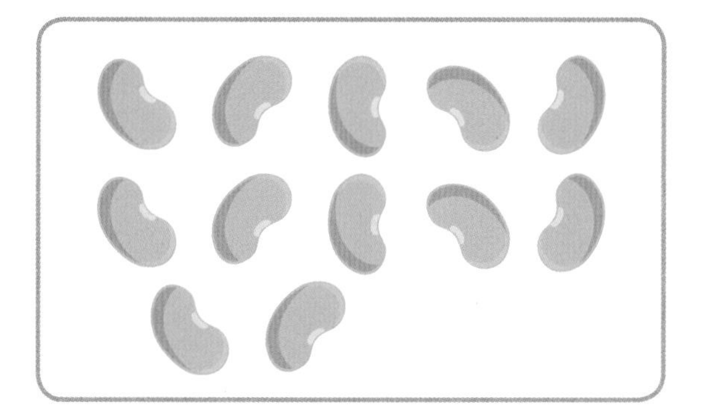

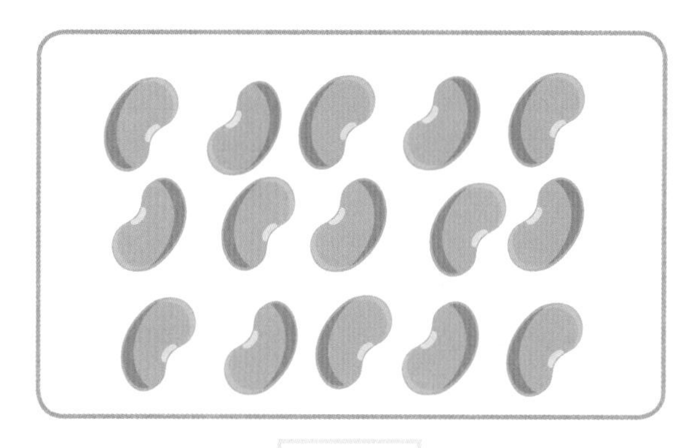

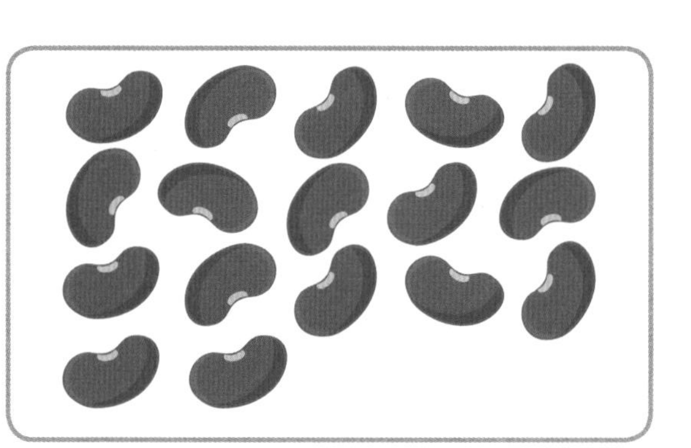

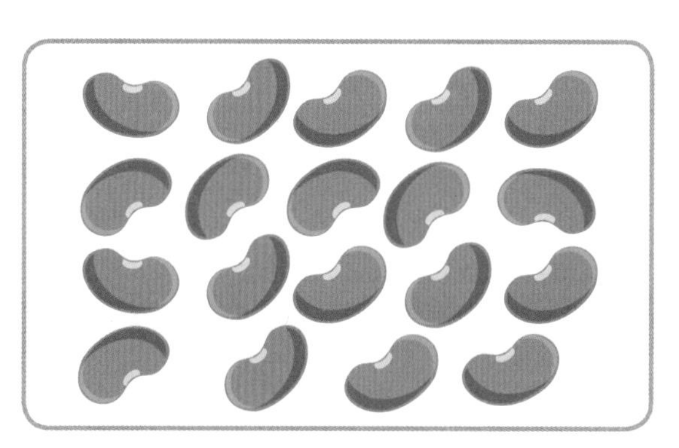

3일

19까지의 수

십몇 익히기

원리 연결 모형을 수로 나타내세요.

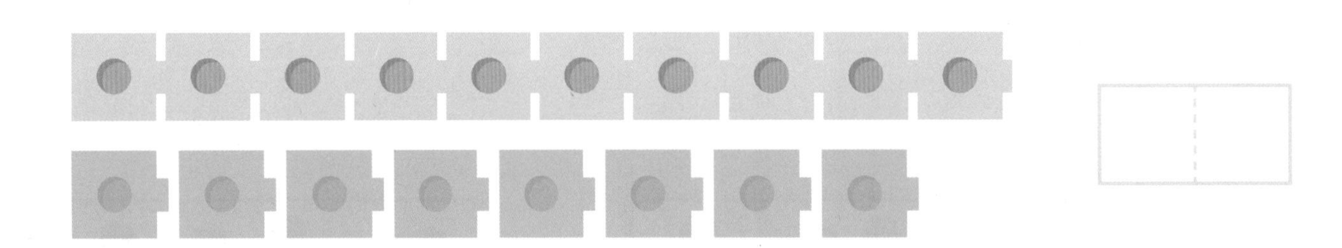

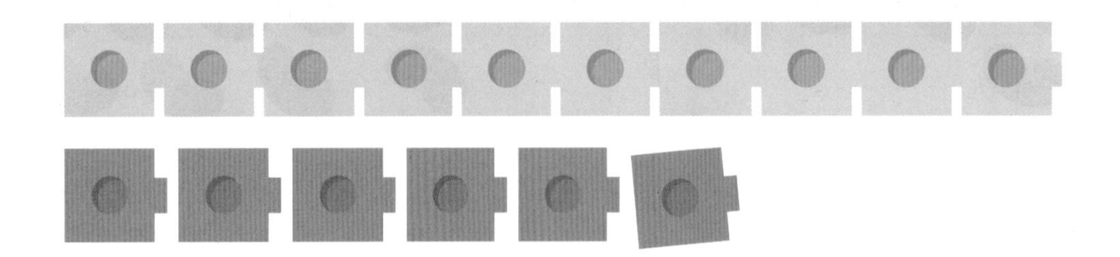

지도가이드

1짜리 연결 모형이 1개 늘어나면 수도 1 커집니다. 10짜리 연결 모형과 1짜리 연결 모형의 수를 잘 살펴보세요. 십몇은 몇에 10짜리 연결 모형이 하나 더 있을 뿐 한 자리 수와 규칙이 같다는 사실을 알면 어렵지 않게 이해할 수 있습니다.

수를 연결 모형으로 표현하세요.

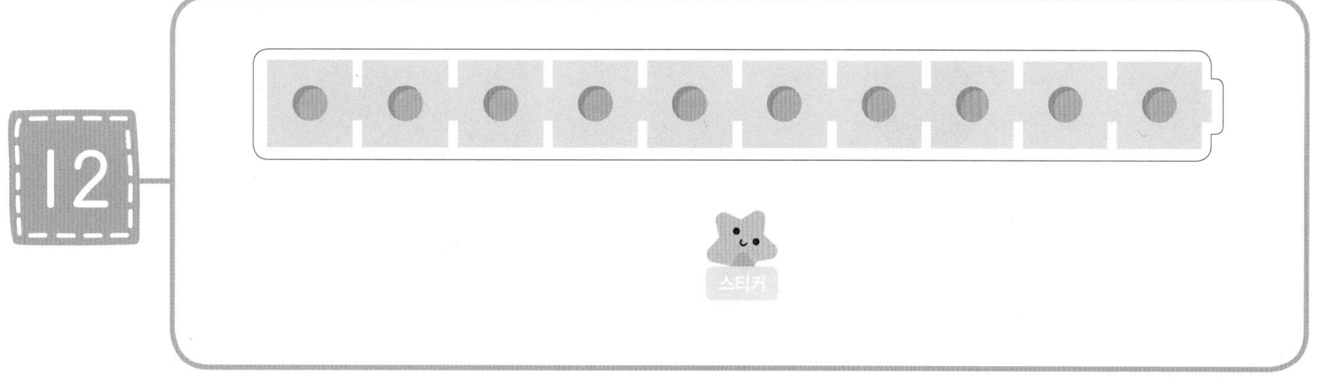

10짜리 연결 모형은 하나! 그럼 1짜리 연결 모형은 몇 개 붙일까?

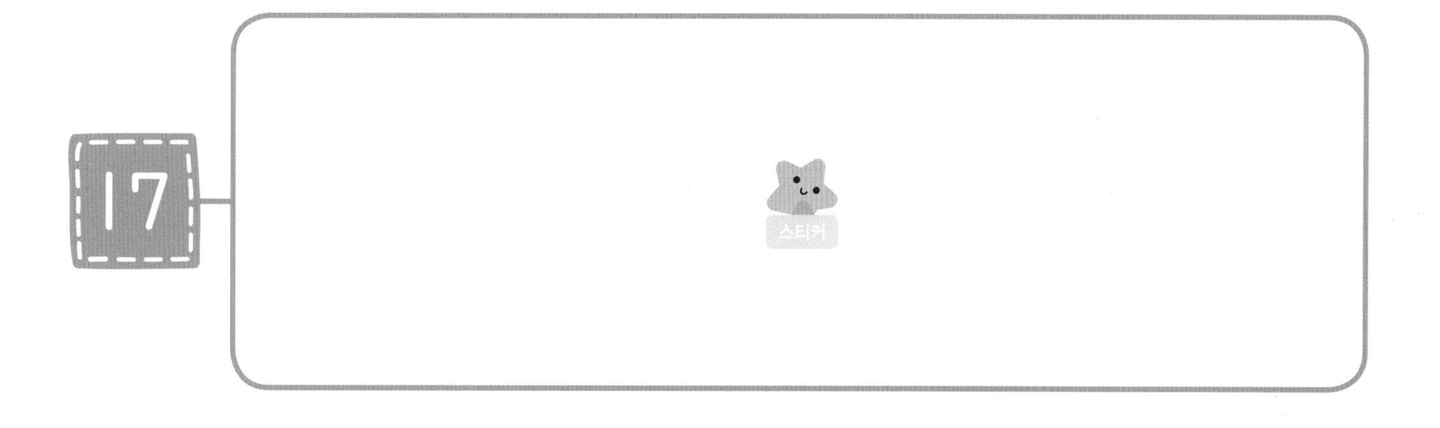

19까지의 수

4일 십몇의 구조

원리 동전을 보고 십몇을 10을 이용한 덧셈식으로 나타내세요.

15= 10 + ___

17= ___ + 10

16= ___ + ___

19= ___ + ___

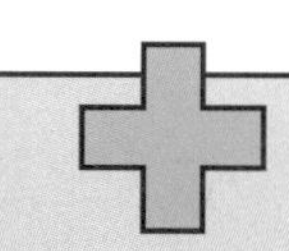

지도가이드

12를 10+2 또는 2+10으로 나타내는 것은 십몇을 십의 자리와 일의 자리로 쪼개어 나타내는 활동입니다. 덧셈의 받아올림과 뺄셈의 받아내림을 이해하기 위해서는 두 자리 수의 구조를 파악해 덧셈식으로 나타내는 연습이 중요합니다. 더하는 두 수의 순서를 바꾸어 써도 모두 맞힌 것으로 생각하세요.

적용 십몇을 10을 이용한 덧셈식으로 나타내세요.

13= ___ + ___

11= ___ + ___

14= ___ + ___

18= ___ + ___

16= ___ + ___

19= ___ + ___

12= ___ + ___

15= ___ + ___

17= ___ + ___

14= ___ + ___

5일

1학년 연산 미리보기

묶음과 낱개 표현 익히기

❶ 수를 그림으로 나타내고 ➡ ❷ 문장을 완성하세요.

19는 10개씩 묶음 _____ 개와

낱개 _____ 개입니다.

그림

19

10개씩 묶음은 기~다란 사각형으로 나타내자.

10개씩 묶음

낱개

문장 19는 10개씩 묶음 _____ 개와

낱개 __9__ 개입니다.

지도가이드

십몇을 10과 몇으로 나누어 표현하는 연습입니다. 앞에서 연결 모형이나 동전 등을 활용했던 것과 똑같지만, 1학년에서는 묶음과 낱개라는 표현을 사용합니다. 몇십몇이나 몇백처럼 수가 커지면 자릿값을 묶음의 개념으로 배우므로 십몇부터 차근차근 연습하세요.

❶ 수를 그림으로 나타내고 ➡ ❷ 문장을 완성하세요.

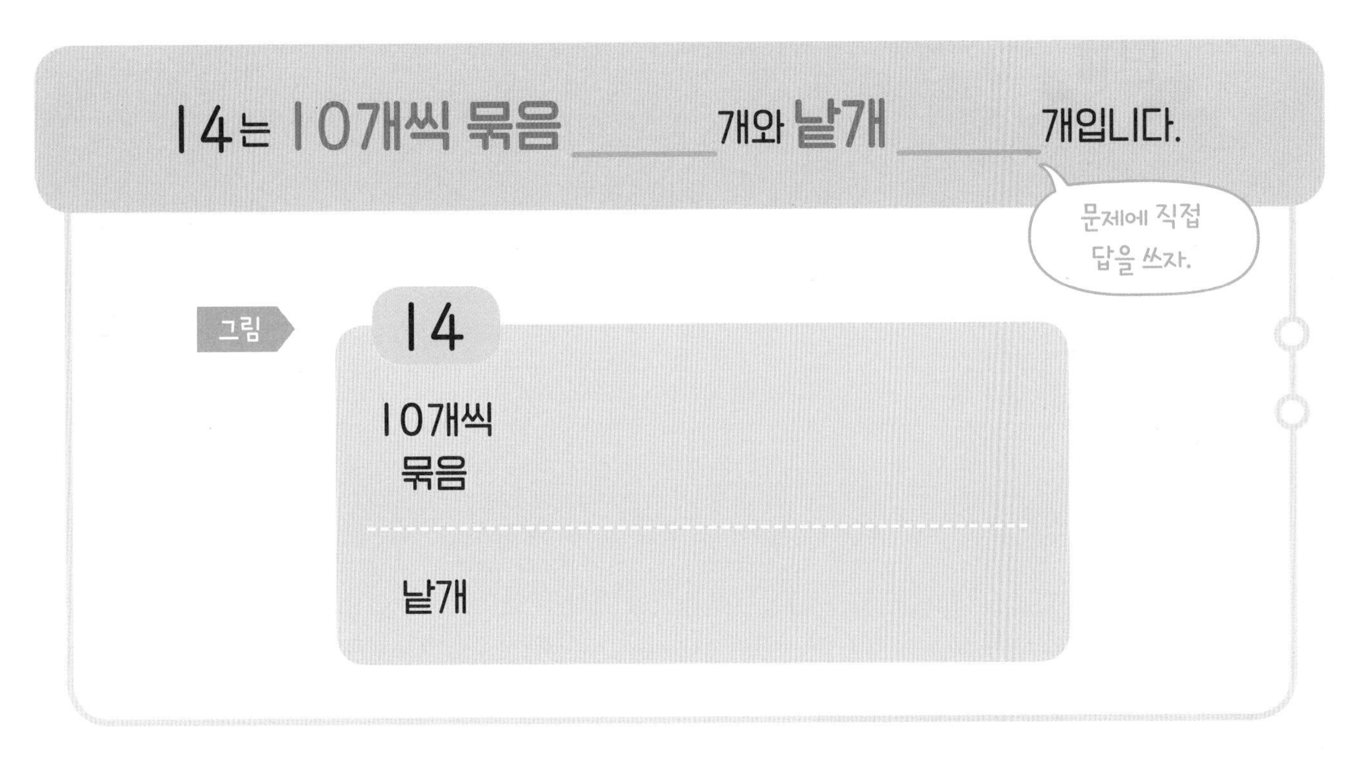

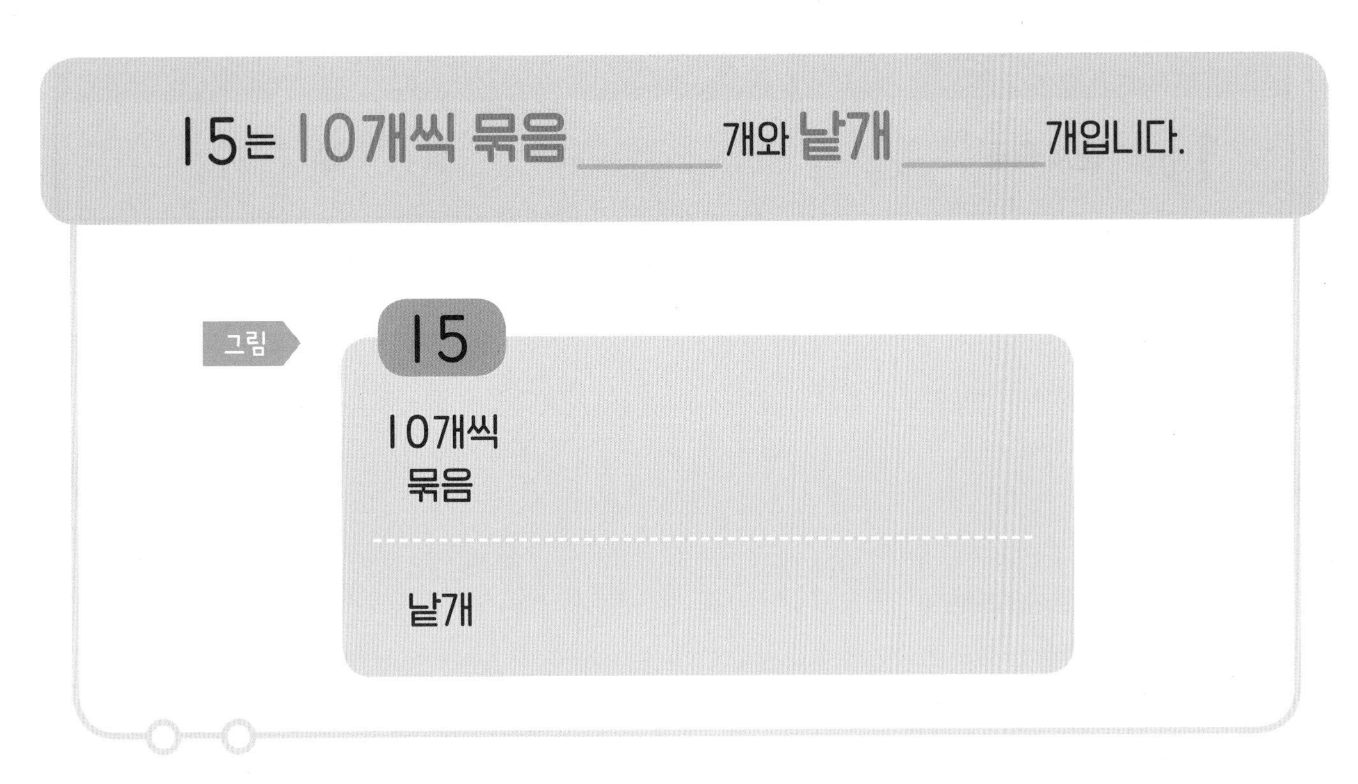

십몇의 순서

어떻게 공부할까요?

	공부할 내용	공부한 날짜	확인
1일	순서 퍼즐	월 일	
2일	수직선에서 수의 위치	월 일	
3일	수의 크기 비교	월 일	
4일	1 큰 수와 1 작은 수	월 일	
5일	1학년 연산 미리보기 사이의 수	월 일	

무엇을 배울까요?

초등 연계 [1-1] 5. 50까지의 수

21단계에서는 20단계에서 공부한 1부터 19까지의 수를 확인하고, 십몇의 수 세기를 이용하여 수의 순서와 크기 비교, 1 큰 수와 1 작은 수를 배웁니다. 수의 순서를 잘 알고 있으면 빈 곳을 채우거나 중간부터 세는 연습을 통해 수 계열을 충분히 이해할 수 있습니다.

연산 시각화 모델

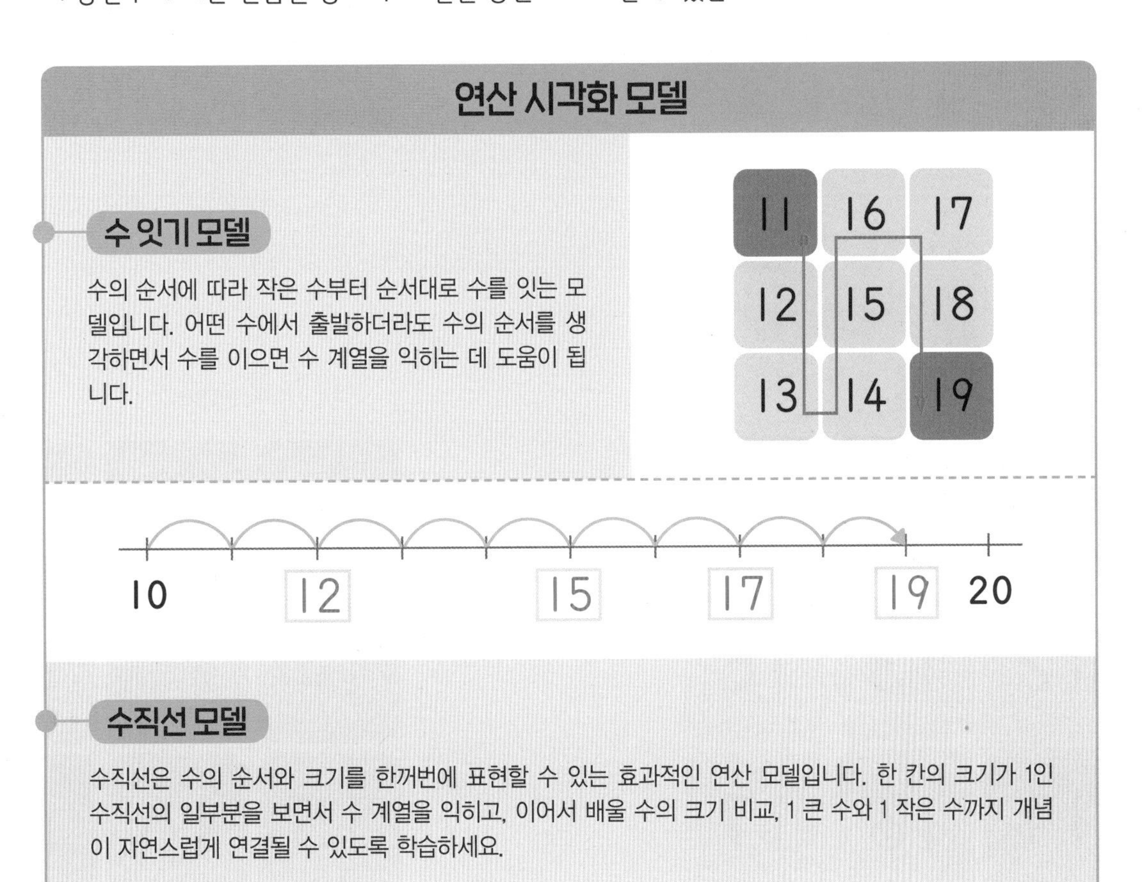

수 잇기 모델

수의 순서에 따라 작은 수부터 순서대로 수를 잇는 모델입니다. 어떤 수에서 출발하더라도 수의 순서를 생각하면서 수를 이으면 수 계열을 익히는 데 도움이 됩니다.

수직선 모델

수직선은 수의 순서와 크기를 한꺼번에 표현할 수 있는 효과적인 연산 모델입니다. 한 칸의 크기가 1인 수직선의 일부분을 보면서 수 계열을 익히고, 이어서 배울 수의 크기 비교, 1 큰 수와 1 작은 수까지 개념이 자연스럽게 연결될 수 있도록 학습하세요.

1일

십몇의 순서

순서 퍼즐

수의 순서에 맞게 11부터 19까지의 수를 차례대로 선을 이으세요.

출발

11	16	17
12	15	18
13	14	19

도착

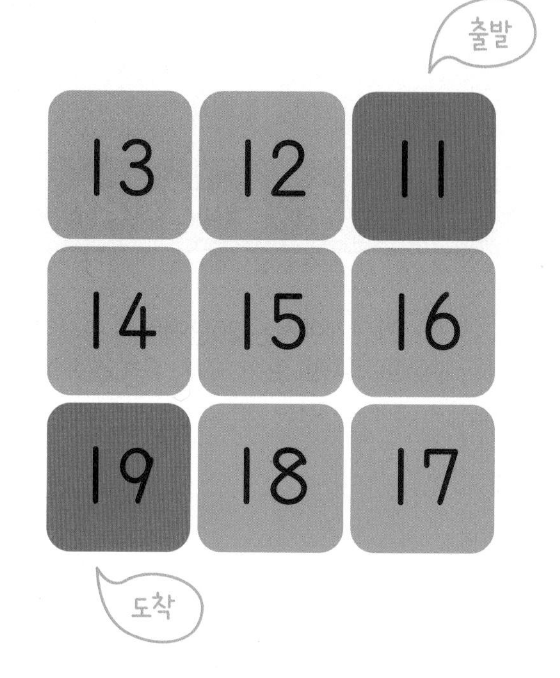

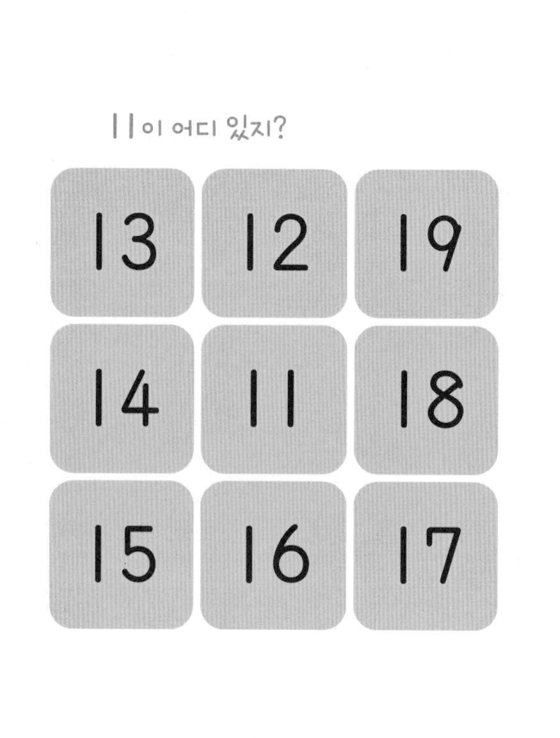

지도가이드

1 또는 11부터 19까지의 수를 순서대로 세는 활동입니다. 수의 순서를 익힐 수 있는 퍼즐로 놀이처럼 연습해 보세요. 개념과 놀이를 결합한 활동으로 연습하면 지루하지 않고 재미있게 학습할 수 있습니다.

활동 같은 색 점끼리 1부터 차례대로 이어요.

2일

십몇의 순서

수직선에서 수의 위치

원리 다람쥐가 도토리를 찾아요. 수직선을 잘 보고 □ 안에 알맞은 수를 쓰세요.

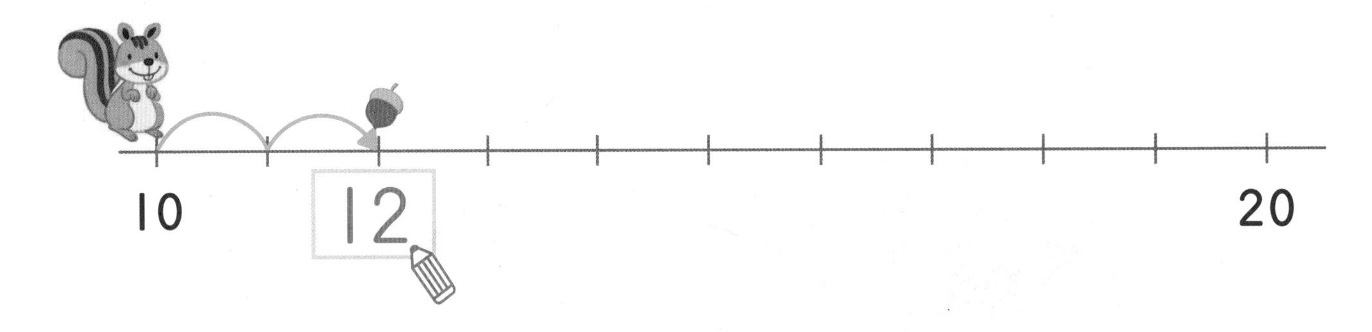

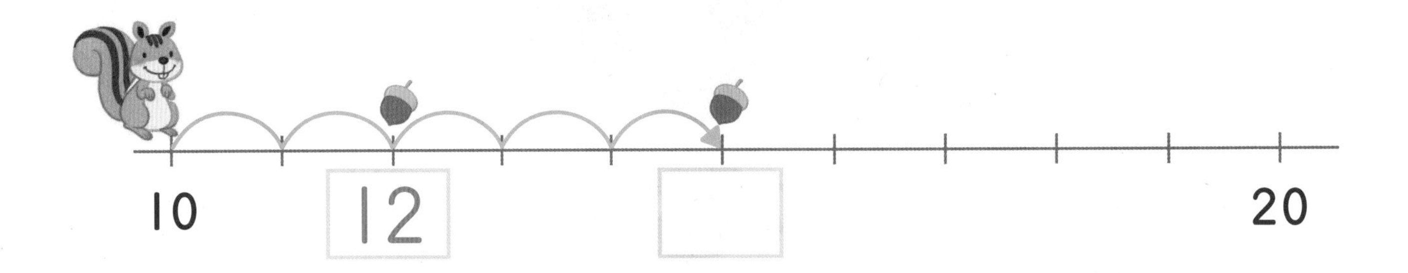

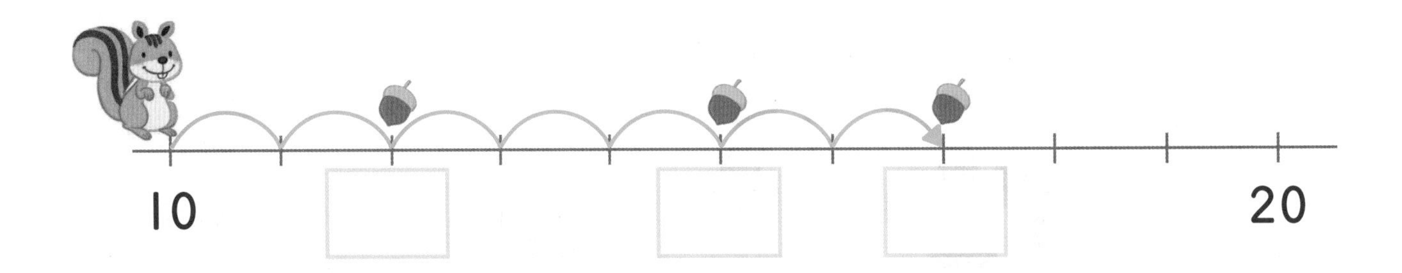

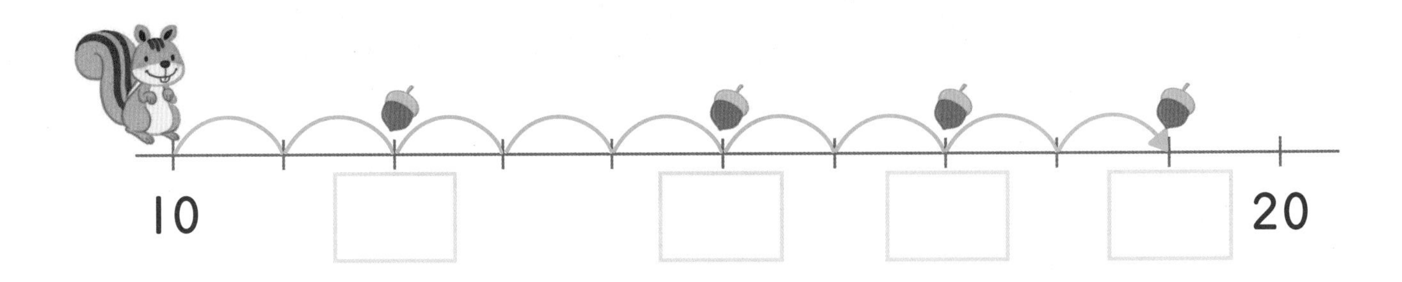

10부터 20까지의 수를 나타낸 수직선입니다. 0부터 10까지의 수에서 수직선을 한 칸씩 뛰면서 수 계열을 익혔던 것처럼 십몇도 수직선을 통해 수를 익혀 봅니다.
20은 아직 배우지 않았지만 자연스럽게 '19 다음의 수'로 접할 수 있게 하세요.

주어진 수의 위치를 찾아 깃발 스티커를 붙이세요.

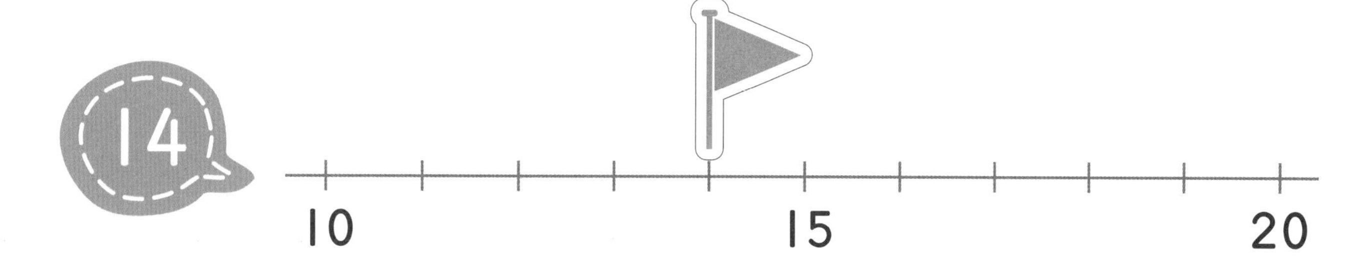

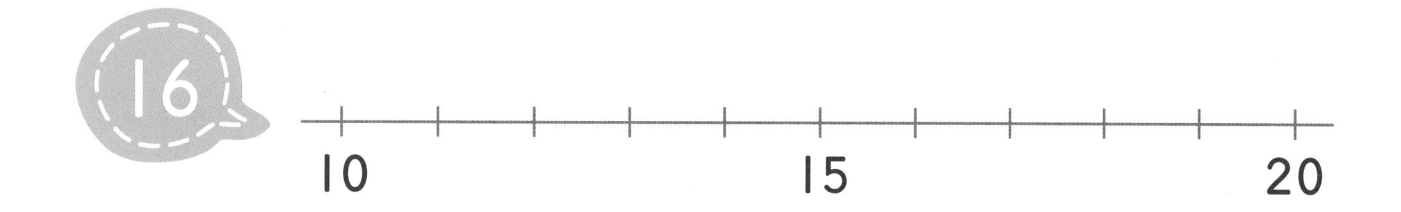

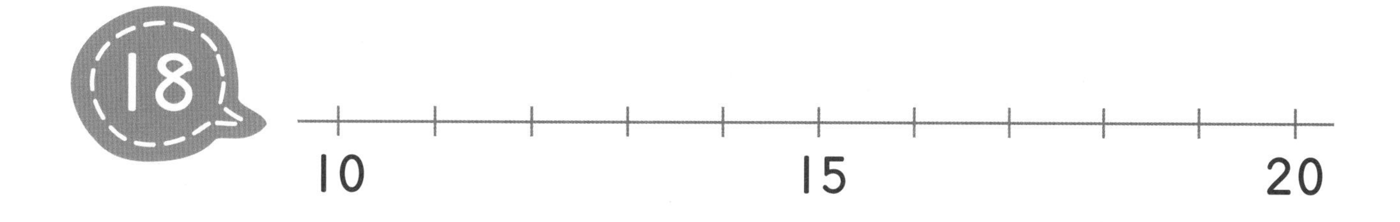

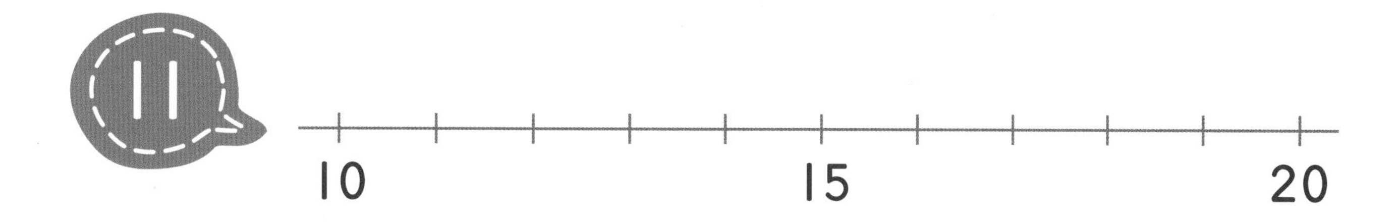

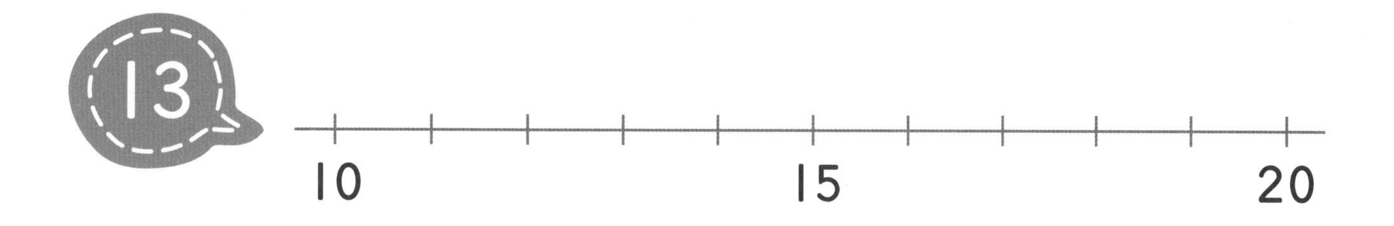

십몇의 순서

수의 크기 비교

수직선에서 수를 찾아 깃발을 그리고,
더 큰 수 쪽으로 입을 벌린 악어 스티커를 붙이세요.

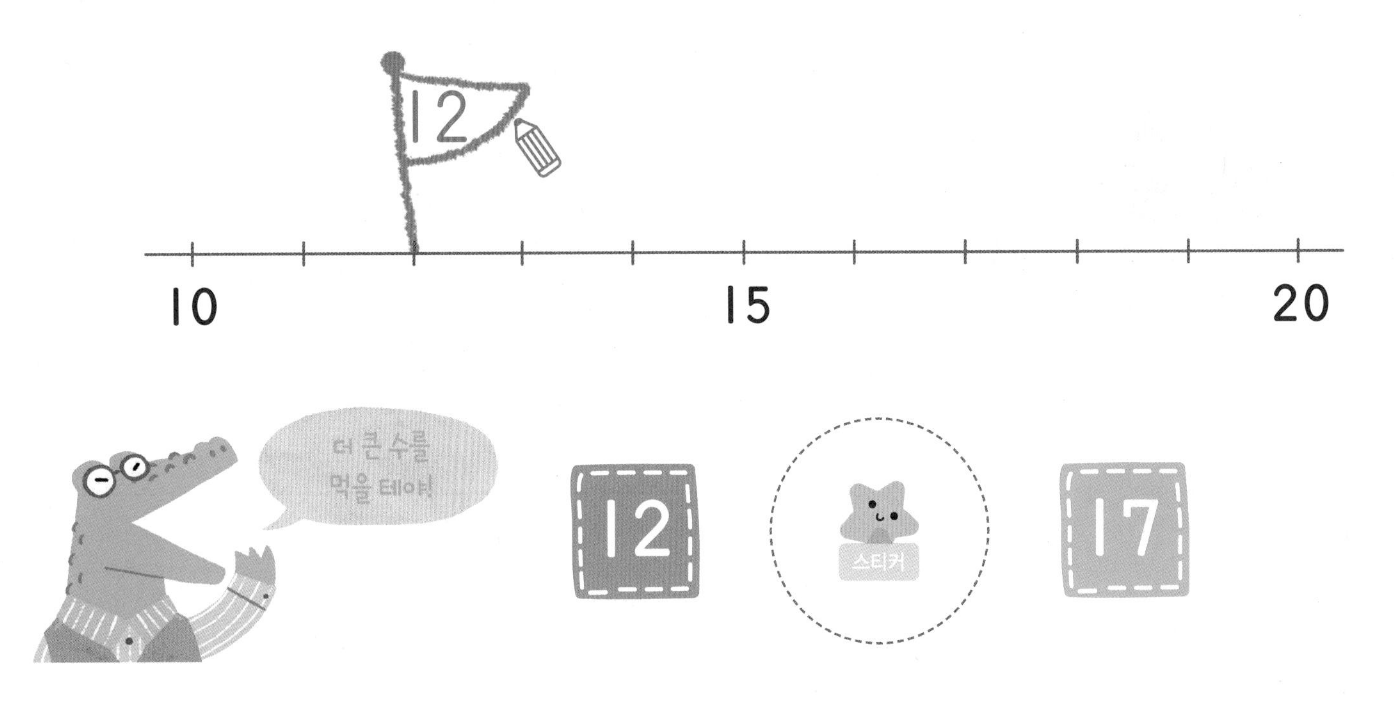

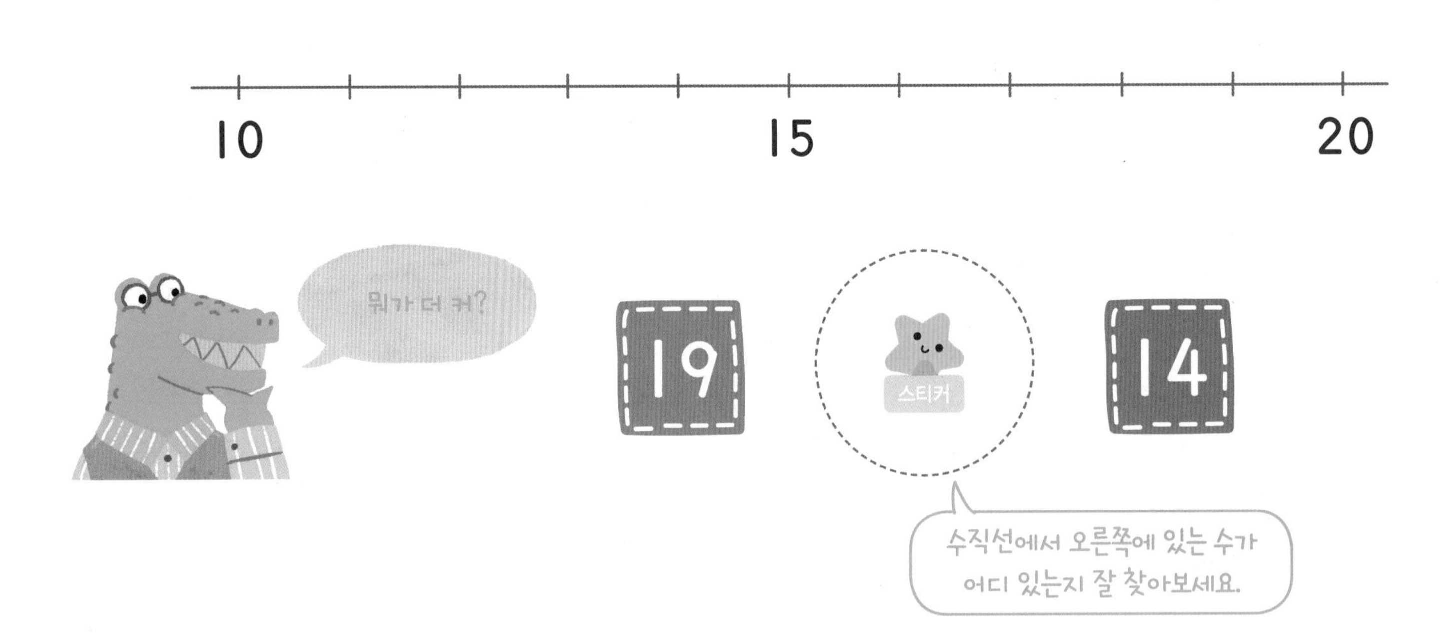

지도가이드

수직선 모델을 이용하면 수의 위치를 보고 어떤 수가 더 큰지 쉽게 알 수 있습니다. 수가 오른쪽에 있으면 더 큰 수이고, 왼쪽에 있으면 더 작은 수라는 것을 깨닫게 하세요.
가운데 수인 15를 기준으로 앞에 있을지 뒤에 있을지 수의 위치를 먼저 살펴보는 것도 좋습니다.

적용 수직선에서 수의 위치를 찾고, ◯ 안에 더 큰 수 쪽으로 벌어진 악어 입을 그리세요.

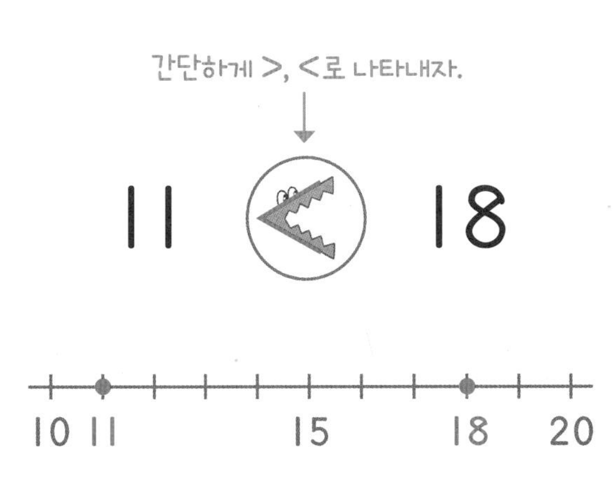

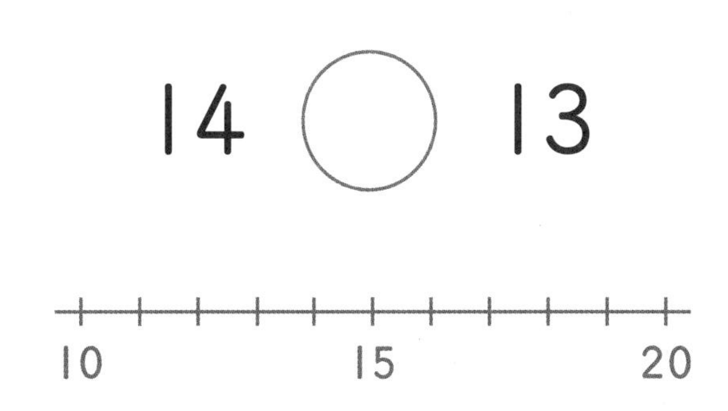

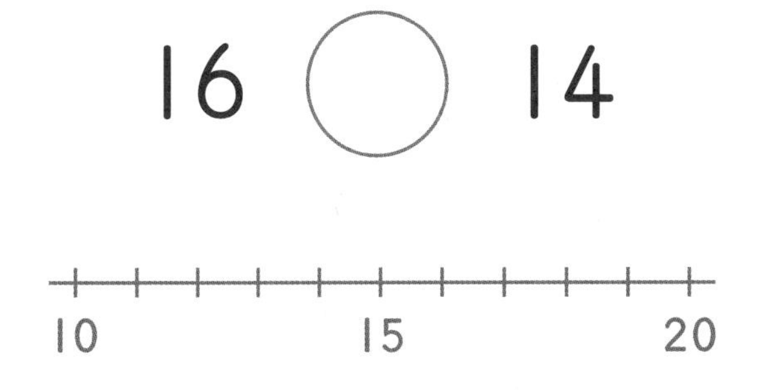

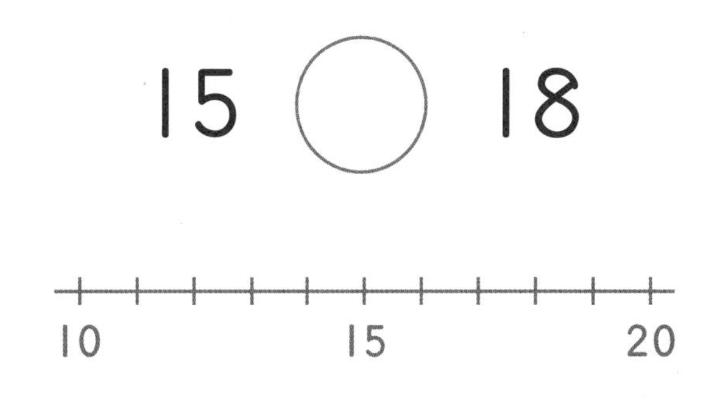

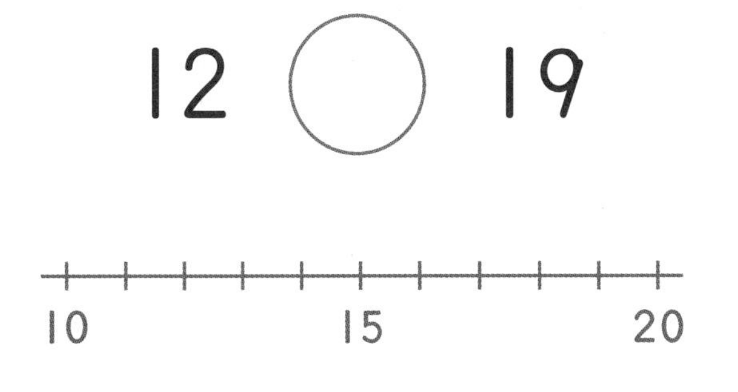

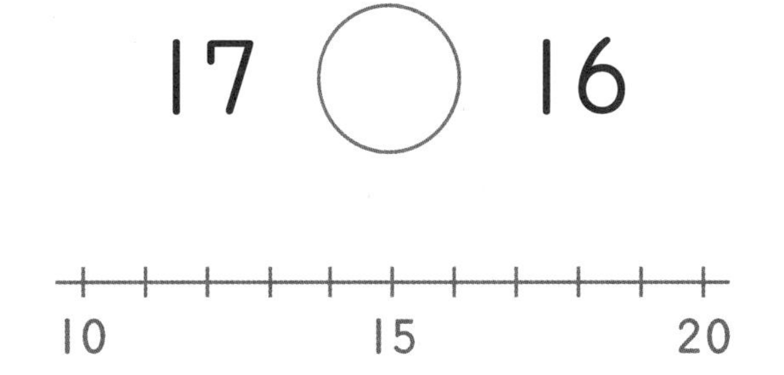

4일

십몇의 순서

1 큰 수와 1 작은 수

원리 달걀을 더 그리거나 지우면서 수가 어떻게 달라지는지 살펴보세요.

12 —(1 큰 수, +1)→ ☐ —(1 큰 수, +1)→ ☐

☐ ←(1 작은 수, −1)— ☐ ←(1 작은 수, −1)— 12

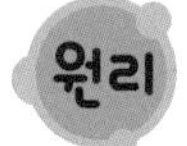

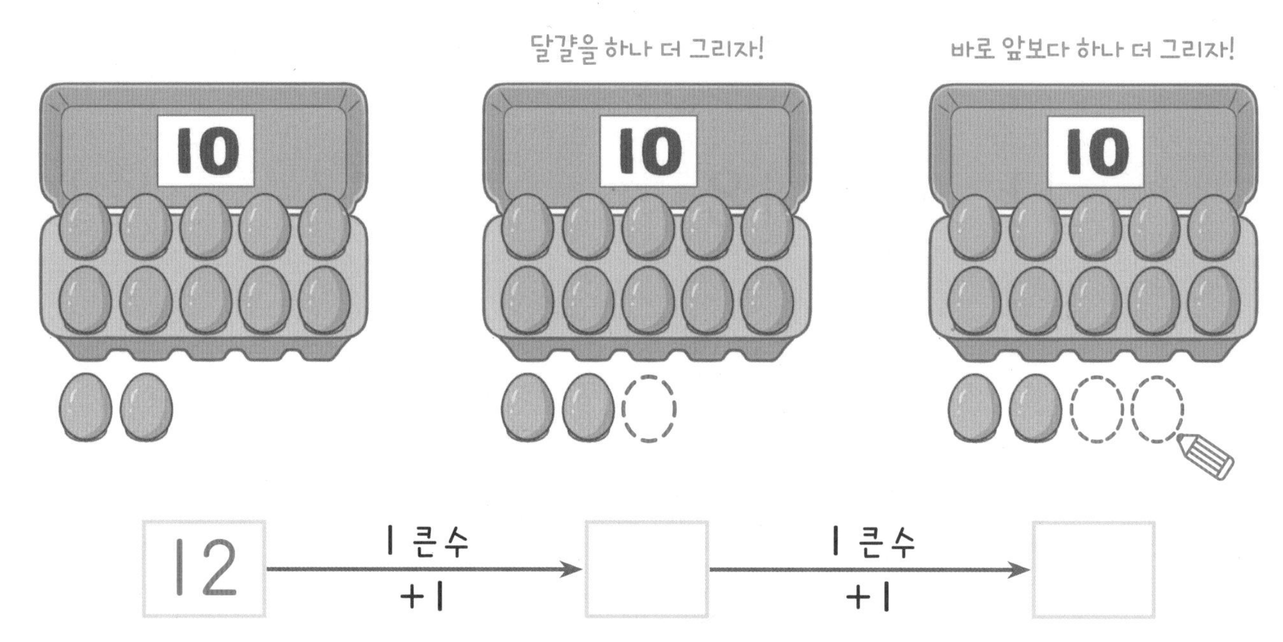

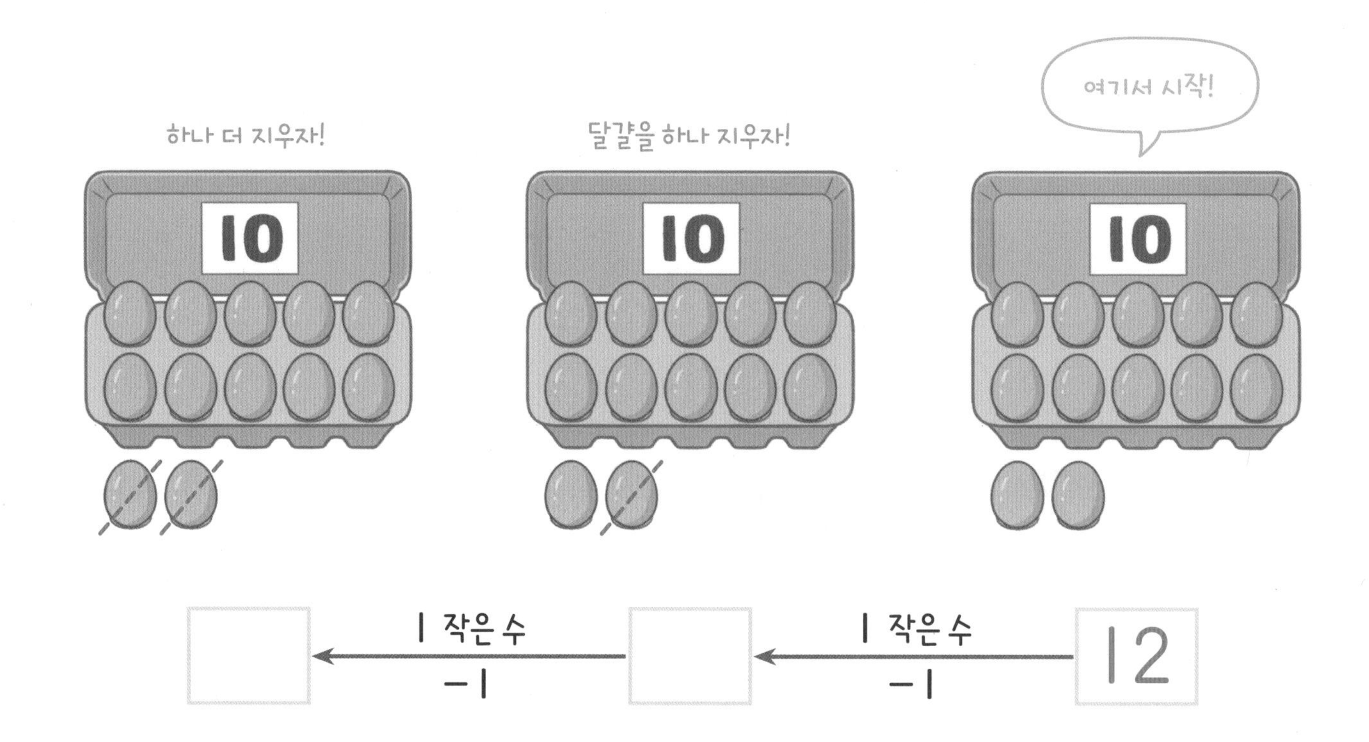

지도가이드

수량이 늘어나거나 줄어드는 것을 생각하면서 1만큼 더 큰 수, 1만큼 더 작은 수를 찾아보세요. 1부터 19까지 수의 순서를 잘 알고 있으면 구하려고 하는 수를 쉽게 찾을 수 있습니다. 앞에서 배운 수직선을 활용하는 것도 좋습니다.

적용 빈 곳에 1 큰 수와 1 작은 수를 알맞게 써넣으세요.

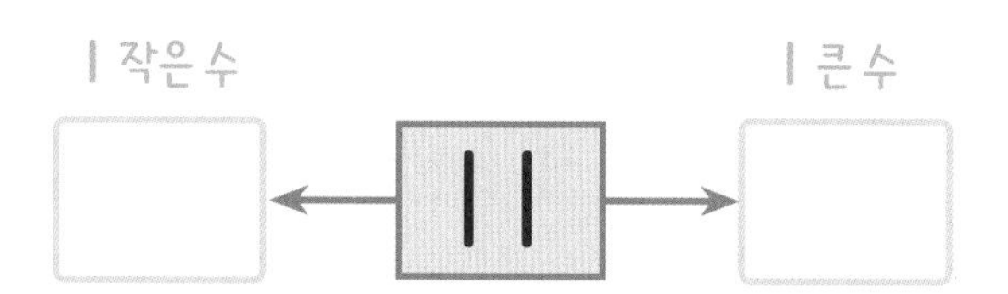

1 작은 수	수	1 큰 수
	10	
	14	
	13	
	15	
	12	
	16	
	18	
	9	

5일

1학년 연산 미리보기

사이의 수

❶ 수직선에서 수의 위치를 찾고 ➡ ❷ 조건에 맞는 답을 구하세요.

10보다 크고 16보다 작은 수를 모두 쓰세요.

잠깐!

10보다 큰 수 중에서 16보다 작은 수를 모두 찾아야 해요.
10과 16 사이에 있는 수를 찾는 것과 같아요.
수직선에서 10과 16을 찾고, 그 사이의 수를 알아보세요.

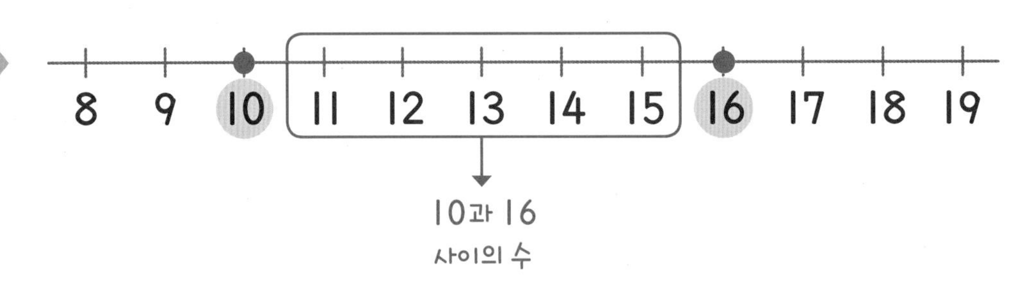

답 10보다 크고 16보다 작은 수는

11, 12, ________ 입니다.

수를 여러 개 쓸 때는 수 사이사이에 쉼표(,)를 써야 해.
이어서 계속 써 보자.

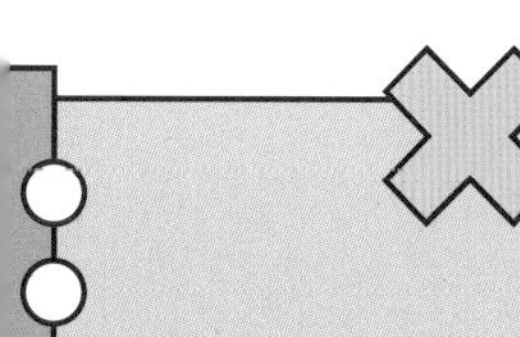

지도가이드

수와 수 사이의 수를 구하는 문제는 수의 순서와 크기 비교 내용을 잘 이해하고 있는지 확인할 수 있어 자주 등장합니다. 앞에서 배운 수직선을 활용해서 크고 작은 수를 쉽게 찾을 수 있고, 여러 수를 비교하는 것도 어렵지 않음을 경험해 보는 것이 좋습니다.

❶ 수직선에서 수의 위치를 찾고 ➡ ❷ 조건에 맞는 답을 구하세요.

13보다 크고 17보다 작은 수를 모두 쓰세요.

수의 위치

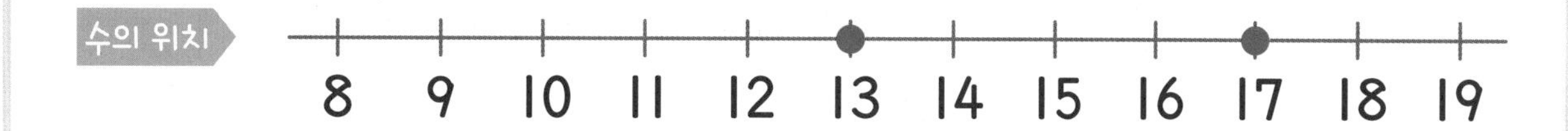

8 9 10 11 12 13 14 15 16 17 18 19

답 13보다 크고 17보다 작은 수는

______________________ 입니다.

9보다 크고 14보다 작은 수를 모두 쓰세요.

수의 위치

8 9 10 11 12 13 14 15 16 17 18 19

답 9보다 크고 14보다 작은 수는

______________________ 입니다.

(십몇)+(몇), (십몇)-(몇)

어떻게 공부할까요?

	공부할 내용	공부한 날짜	확인
1일	수직선에서 덧셈하기	월 일	
2일	수직선에서 뺄셈하기	월 일	
3일	세로로 덧셈하기	월 일	
4일	세로로 뺄셈하기	월 일	
5일	1학년 연산 미리보기 문장에서 덧셈, 뺄셈 찾기	월 일	

무엇을 배울까요?

초등 연계 [1-2] 6. 덧셈과 뺄셈(3)

이번 단계에서는 십몇에 몇을 더하거나 십몇에서 몇을 빼는 연습을 합니다. 수의 순서가 한눈에 보이는 수직선을 이용하면 좀더 쉽게 이해할 수 있습니다.
덧셈과 뺄셈을 세로로 나타내어 계산하는 학습은 20단계에서 십몇을 10짜리 묶음과 1짜리 낱개를 이용해 표현한 것을 활용합니다. 아직 십의 자리, 일의 자리라는 말은 배우지 않았지만 10묶음을 이해하면 앞으로 공부할 4권의 받아올림, 받아내림과 5권의 두 자리 수의 덧셈을 이해하는 데 도움이 됩니다.

연산 시각화 모델

수직선 모델

수직선에서 덧셈은 오른쪽 방향으로 뛰어 세고, 뺄셈은 왼쪽으로 거꾸로 뛰어 셉니다. 더해지는 수 또는 빼지는 수의 위치를 수직선에서 찾은 후 더하는 수만큼 오른쪽으로 또는 빼는 수만큼 왼쪽으로 움직이는 이어 세기 전략으로 학습합니다.

세로셈 모델

가로셈을 세로셈으로 바꾼 수 모델이 처음 등장합니다. 10보다 큰 수의 계산은 세로로 계산하면 편리합니다. 초등학교에서는 별다른 설명 없이 등장하는 세로셈이지만 미리 한 번 살펴보고 자리에 맞추어 계산하는 원리를 익혀 봅니다.
십의 자리, 일의 자리라는 용어는 등장하지 않으므로 10묶음과 낱개라고 표현하면서 자릿값 개념도 함께 이해할 수 있게 학습하세요.

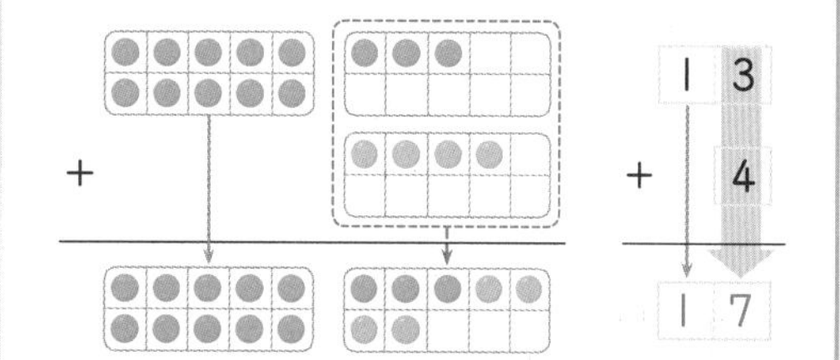

1일

(십몇)+(몇), (십몇)-(몇)

수직선에서 덧셈하기

원리 수직선에 뛰어 세는 화살표를 그리고, 덧셈을 하세요.

15+2= ☐

11+4= ☐

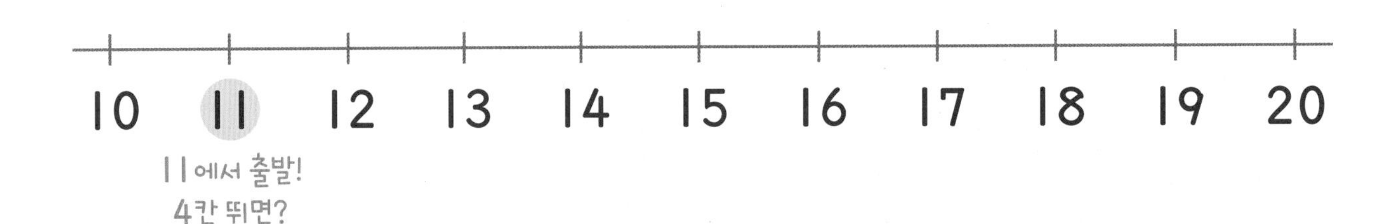

어디서 출발하지?
몇 칸 뛸까?

13+3= ☐

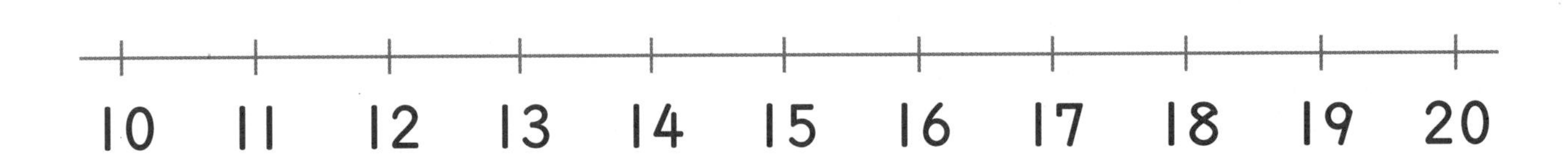

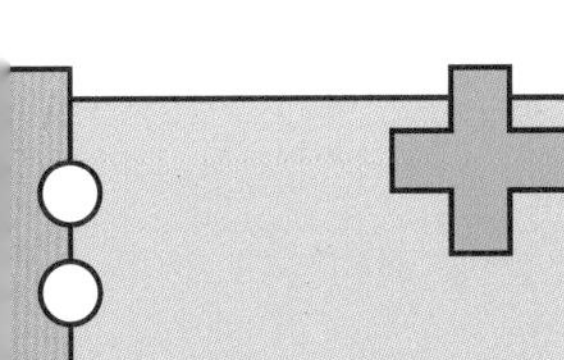

지도가이드

한 자리 수끼리의 덧셈과 마찬가지로 수직선에서 처음 수를 찾은 후 더하는 수만큼 오른쪽으로 이어서 뛰어 세면 쉽게 계산할 수 있습니다. 수직선이 0부터 시작하지 않고 10부터 그려져 있는 것에 주의합니다.

적용 덧셈을 하세요.

$12+4=\square$

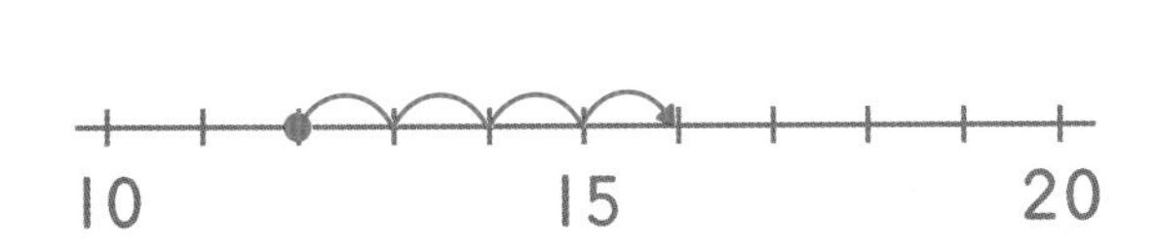

$17+2=\square$

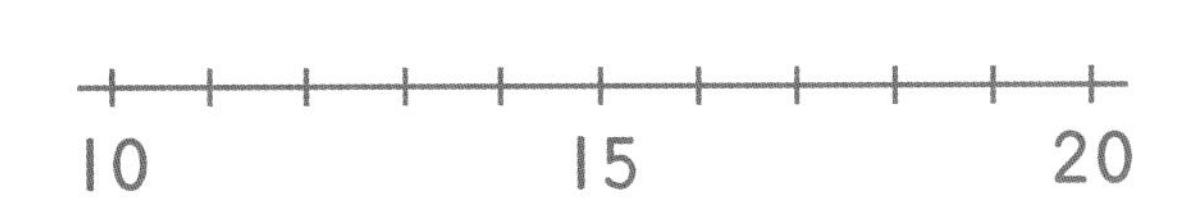

$18+1=\square$

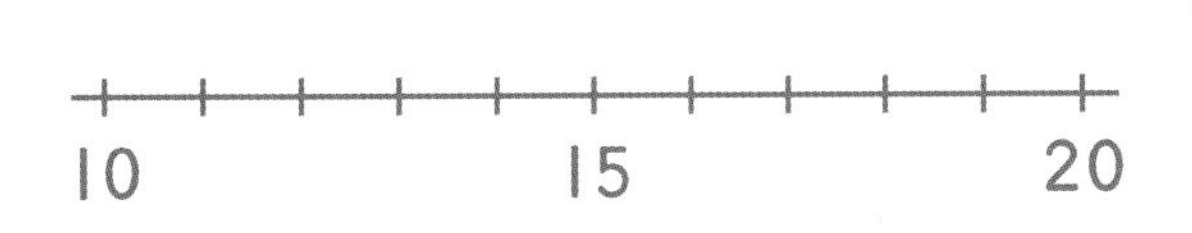

$14+3=\square$

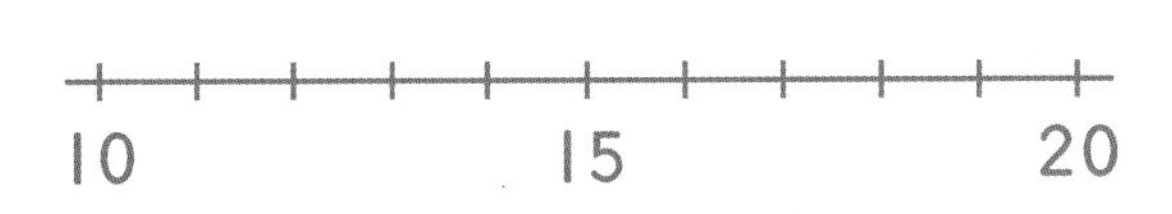

$11+7=\square$

$13+2=\square$

$15+4=\square$

$16+1=\square$

(십몇)+(몇), (십몇)-(몇)

2일 수직선에서 뺄셈하기

원리 수직선에 뛰어 세는 화살표를 그리고, 뺄셈을 하세요.

17 − 2 = ☐

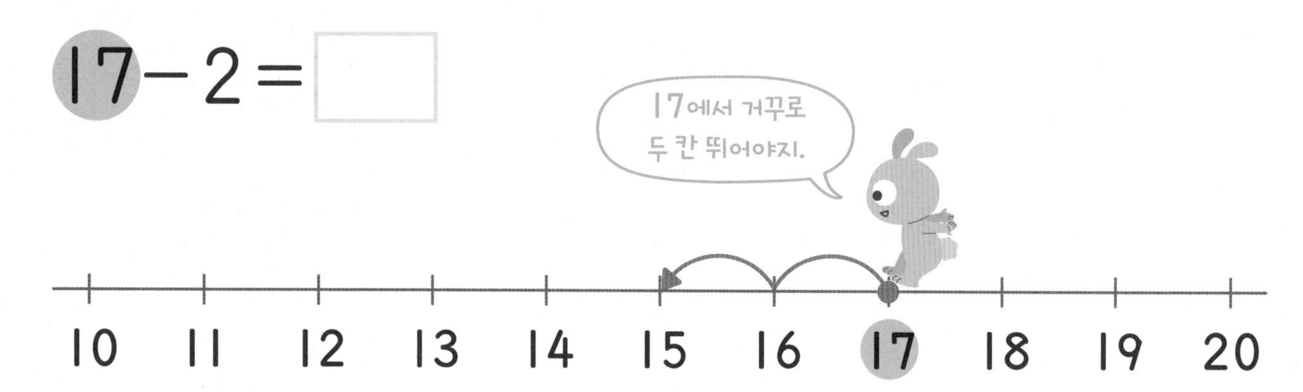

15 − 4 = ☐

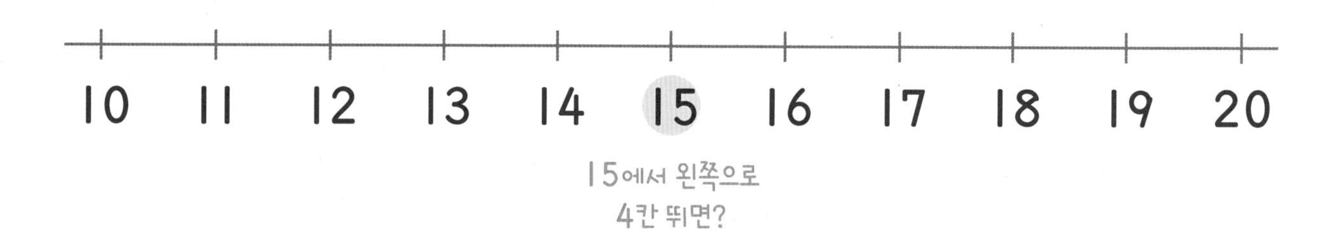

16 − 3 = ☐

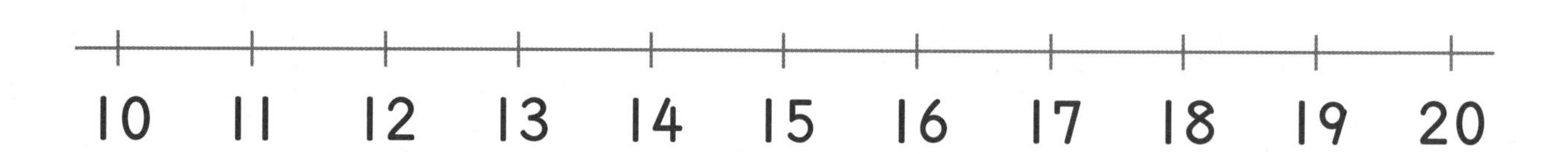

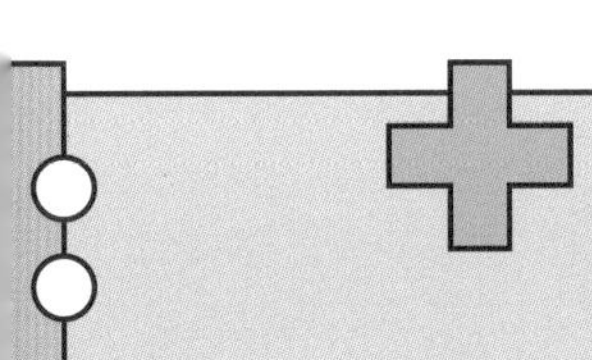

지도가이드

한 자리 수끼리의 뺄셈과 같은 개념입니다. 수직선이 10부터 20까지만 그려져 있음에 주의하세요. 이전에 배운 것처럼 수직선에서 처음 수의 위치를 찾은 후 빼는 수만큼 왼쪽으로 뛰어 세면 쉽게 답을 찾을 수 있습니다.

뺄셈을 하세요.

$14 - 3 = \square$

10 15 20

$18 - 4 = \square$

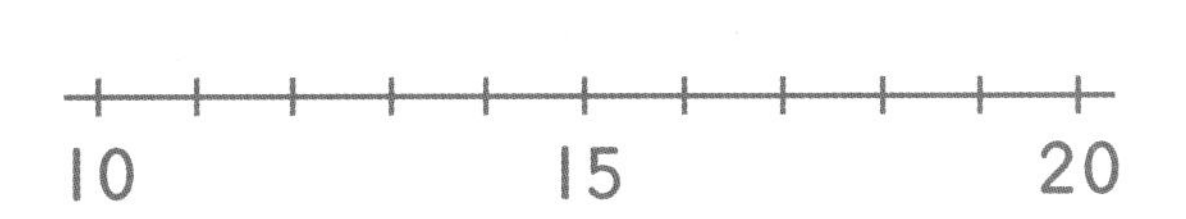

$19 - 6 = \square$

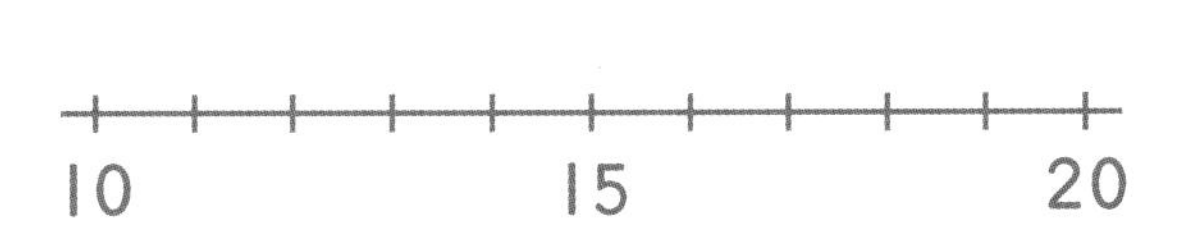

$13 - 2 = \square$

10 15 20

$12 - 1 = \square$

$17 - 5 = \square$

$15 - 2 = \square$

$16 - 1 = \square$

3일

(십몇)+(몇), (십몇)-(몇)

세로로 덧셈하기

원리 구슬은 모두 몇 개일까요? 구슬을 잘 보고 세로로 덧셈을 하세요.

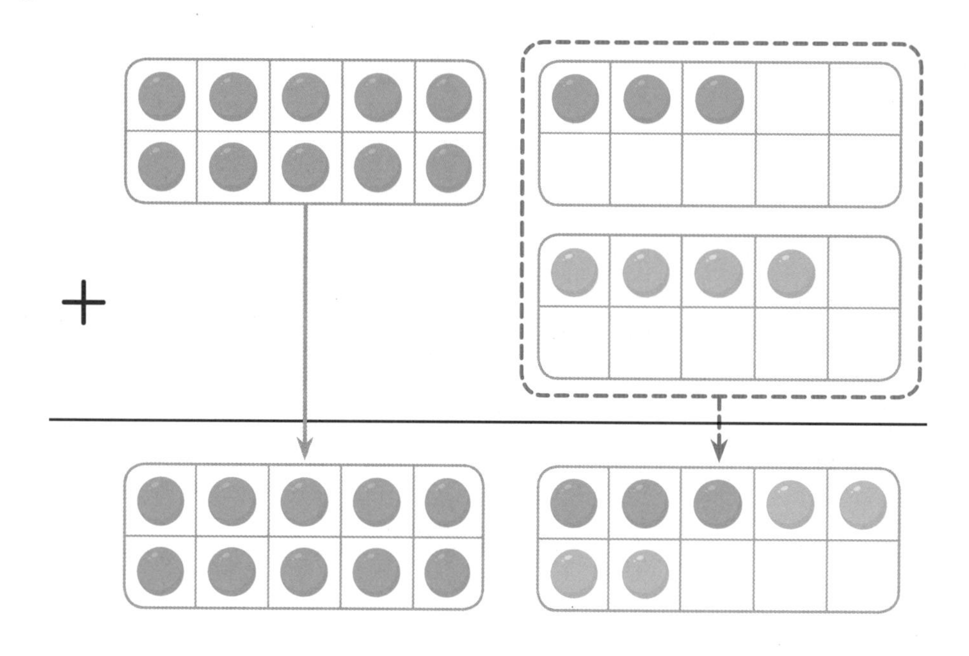

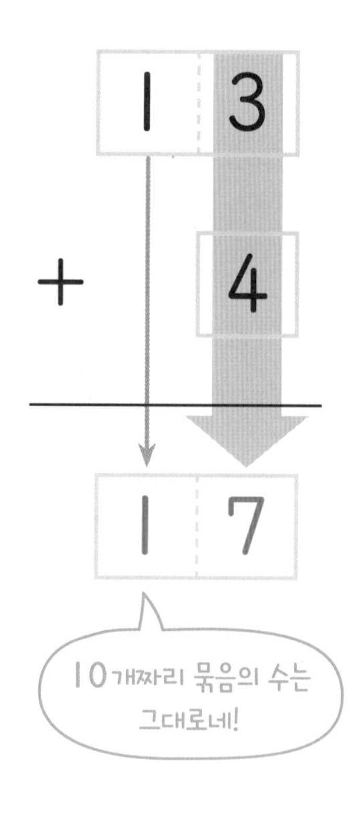

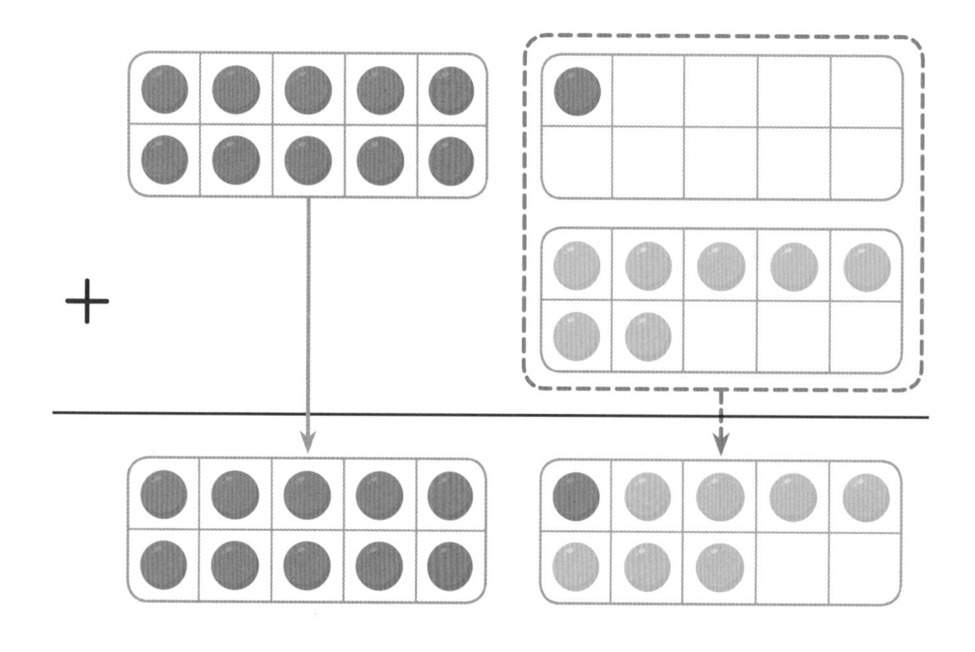

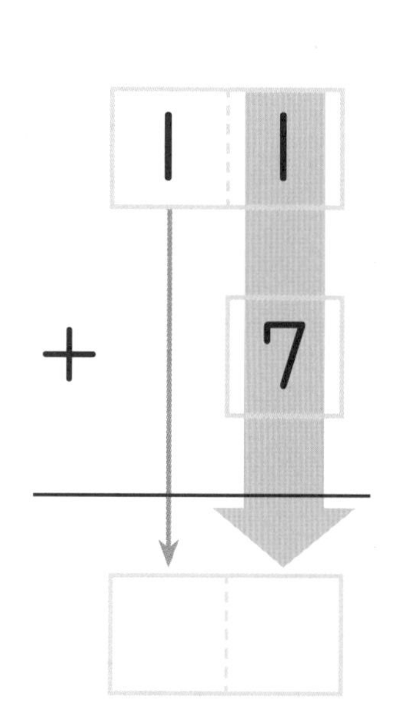

지도가이드

가로 형태의 덧셈 문제를 세로로 바꾸어 계산하는 연습을 해 봅니다. 아직 십의 자리, 일의 자리라는 용어를 배우지는 않지만 낱개의 수끼리 더하는 연습을 통해 자연스럽게 자릿값이 같은 자리끼리의 덧셈을 익힐 수 있습니다.

적용 덧셈을 하세요.

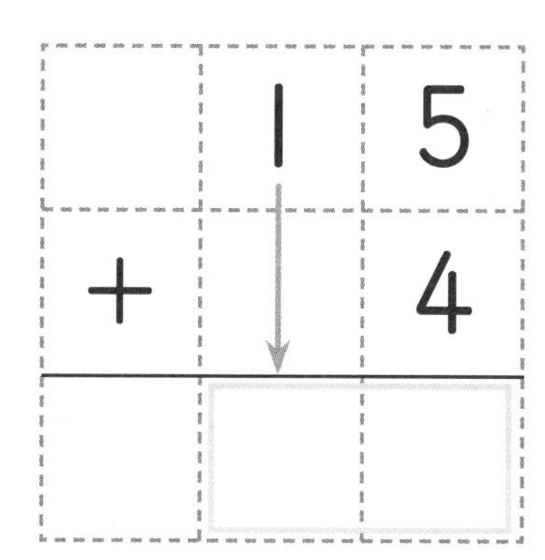

	1	2
+		6

	1	4
+		3

	1	5
+		2

	1	3
+		3

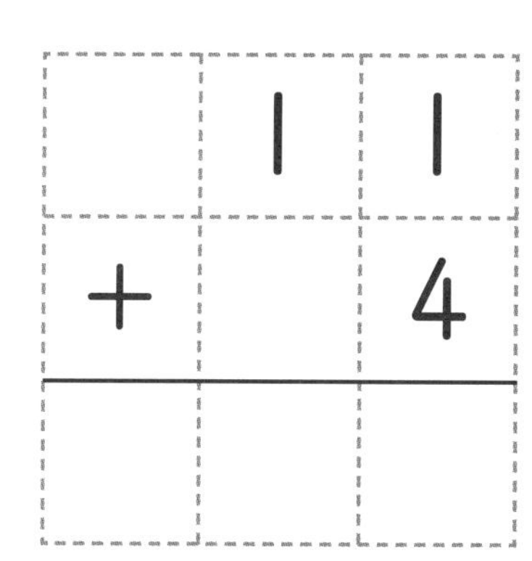

	1	4
+		4

	1	8
+		1

	1	2
+		2

4일

(십몇)+(몇), (십몇)-(몇)

세로로 뺄셈하기

원리 구슬은 얼마나 차이날까요? 구슬을 잘 보고 세로로 뺄셈을 하세요.

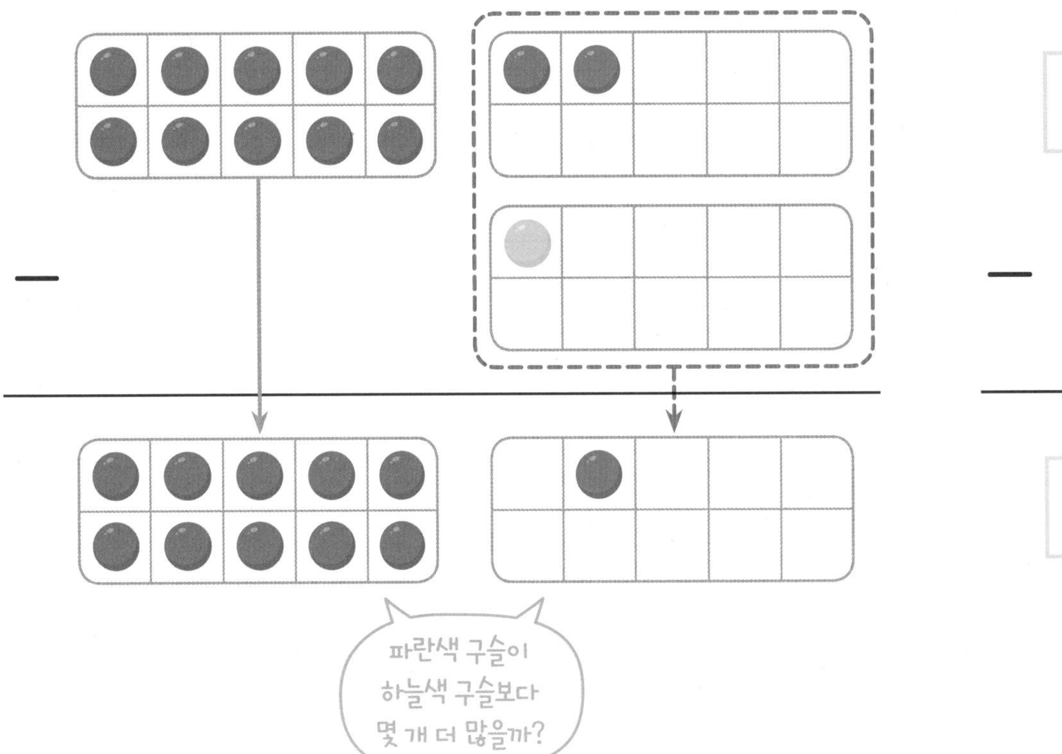

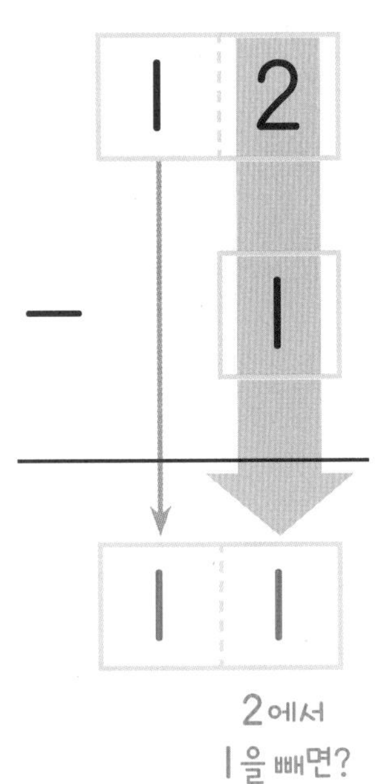

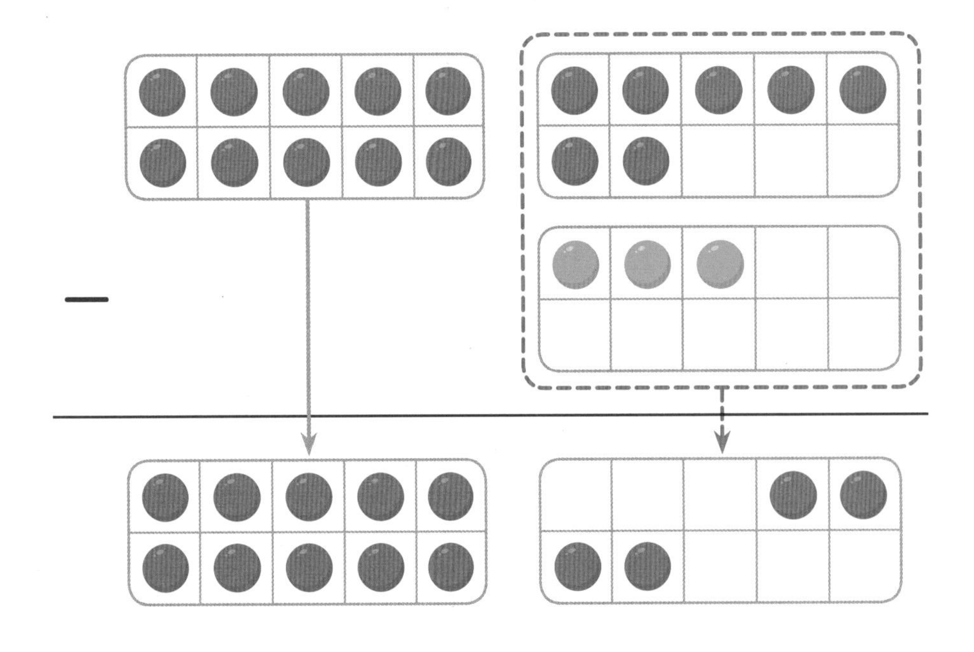

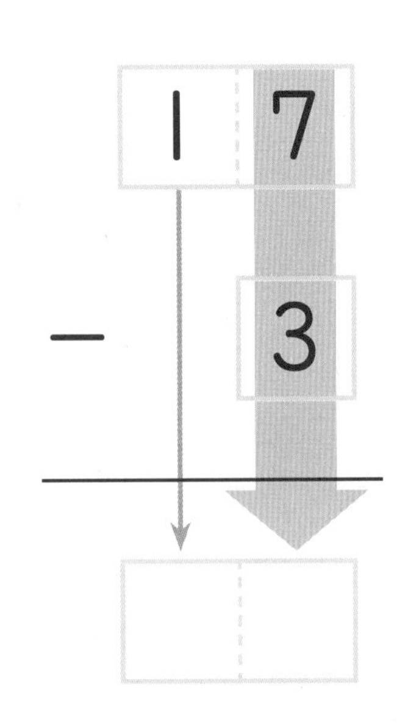

지도가이드

덧셈과 마찬가지로 가로 형태의 뺄셈 문제를 세로로 바꾸어 계산해 봅니다. 낱개의 수끼리 빼는 연습을 하면 자연스럽게 자릿값이 같은 수끼리의 뺄셈을 익힐 수 있습니다. 5권에서 배울 두 자리 수의 덧셈과 뺄셈까지 이어지는 학습의 시작입니다.

뺄셈을 하세요.

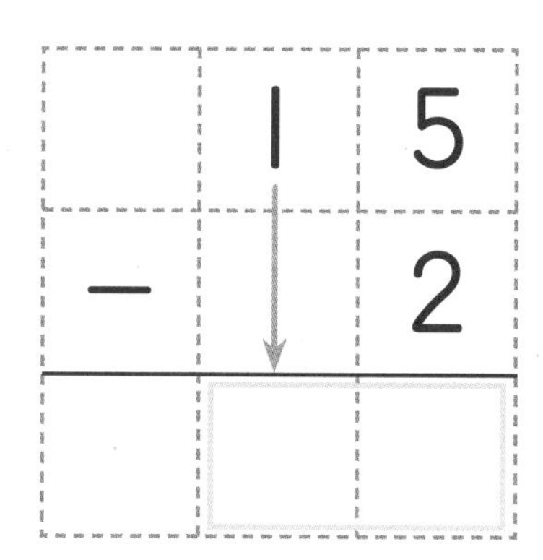

	1	1
−		1

	1	4
−		3

	1	6
−		3

	1	8
−		5

	1	3
−		1

	1	9
−		7

	1	7
−		4

	1	2
−		2

1학년 연산 미리보기

문장에서 덧셈, 뺄셈 찾기

❶ 덧셈인지 뺄셈인지 찾아 ➡ ❷ 알맞은 식을 세우고 ➡ ❸ 답을 구하세요.

빨간색 구슬은 13개 있고,
노란색 구슬은 빨간색 구슬보다 2개 더 적어요.
노란색 구슬은 몇 개일까요?

어떤 식을 세울지 문제를 잘 읽어 보면 찾을 수 있어요.
더 적으면 뺄셈, 더 많으면 덧셈!

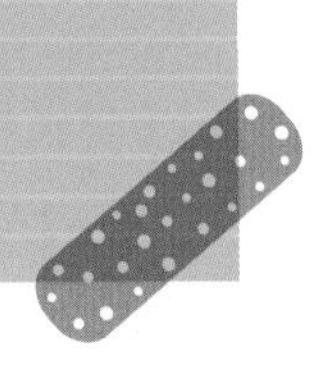

빨간색 구슬: 13개

노란색 구슬: 13개보다 2개 더 적어요.

어떤 식을 세울까?

덧셈식 | 뺄셈식 → 13 − 2 =

답 노란색 구슬은 ________ 개입니다.

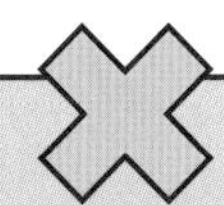

지도가이드

문장으로 되어 있는 문제를 풀 때는 가장 먼저 글을 읽고 덧셈식을 세울지, 뺄셈식을 세울지 판단하는 것이 중요합니다. 문제를 읽으면서 무엇을 구하라고 하는지 꼭 확인한 다음 덧셈과 뺄셈 상황을 구분하여 식을 세울 수 있도록 도와주세요.

❶ 덧셈인지 뺄셈인지 찾아 ➡ ❷ 알맞은 식을 세우고 ➡ ❸ 답을 구하세요.

민수는 11살이고, 지우는 민수보다 5살 더 많아요.
지우는 몇 살일까요?

어떤 식을 세울까?

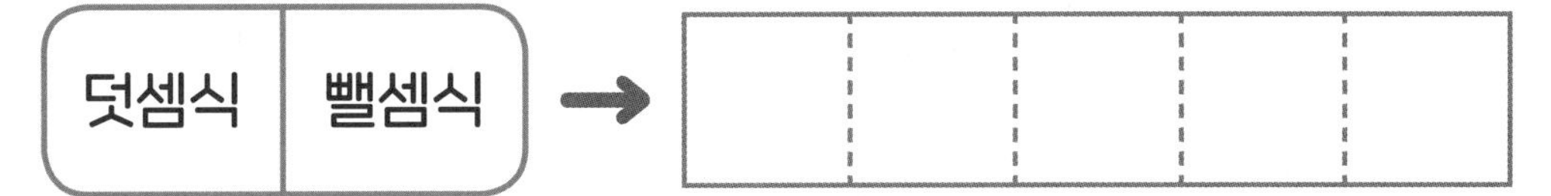

답 지우는 ________ 살입니다.

책장에 동화책은 18권 있고, 위인전은 동화책보다 3권 더 적어요.
위인전은 몇 권일까요?

어떤 식을 세울까?

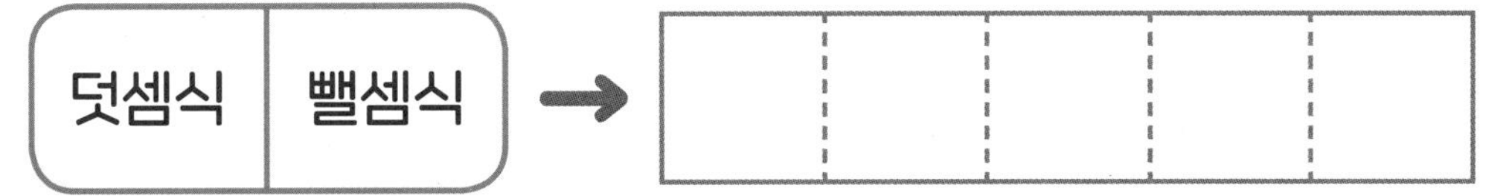

답 위인전은 ________ 권입니다.

10을 이용한 덧셈

어떻게 공부할까요?

	공부할 내용	공부한 날짜	확인
1일	10 더하기 몇 ①_동전	월 일	
2일	10 더하기 몇 ②_수직선	월 일	
3일	5×2 상자로 10 만들어 덧셈하기	월 일	
4일	수 고리로 10 만들어 덧셈하기	월 일	
5일	1학년 연산 미리보기 연이은 덧셈 문장제	월 일	

무엇을 배울까요?

23단계에서는 받아올림이 있는 10보다 큰 덧셈을 준비합니다. 앞에서 연습했던 한 자리 수의 덧셈을 잘 했으면 10보다 큰 덧셈도 쉽게 접근할 수 있습니다.
10을 이용한 더하고 더하기, 즉 연이은 덧셈을 통해 자연스럽게 받아올림이 있는 한 자리 수끼리의 덧셈까지 이어서 이해할 수 있습니다. 10이 되는 두 수를 찾아서 먼저 더하고, 나머지 수를 더하면서 받아올림의 개념을 익히도록 합니다.

연산 시각화 모델

동전 모델

10원짜리, 1원짜리 동전 모형으로 덧셈을 이해하는 모델입니다. 동전 모형을 이용해 덧셈을 알아보면 아이들의 이해가 빠르고, 쉽게 기억할 수 있습니다.

10+3= 13

5×2 상자 모델

5×2 배열의 상자에서 10칸을 먼저 채우고, 나머지를 상자 밖에 그리는 방법입니다. 세 수 중에서 10이 되는 두 수를 찾아 먼저 더하고, 10에 남은 한 수를 더하는 방법을 자연스럽게 익힐 수 있습니다.

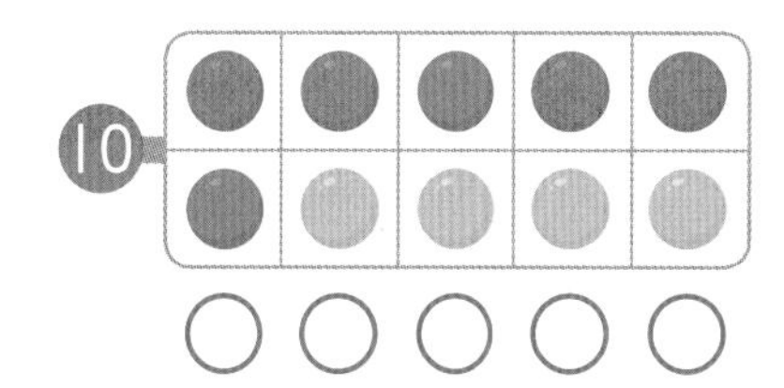

고리 모델

연결된 세 수 중에서 10이 되는 두 수를 찾아 먼저 더하고 나머지 수를 더합니다. 구체물이 주어지지 않고 수만 있는 상태에서도 더하여 10이 되는 두 수를 먼저 찾을 수 있도록 '10 모으기와 가르기' 단계를 다시 한 번 떠올려 보세요.

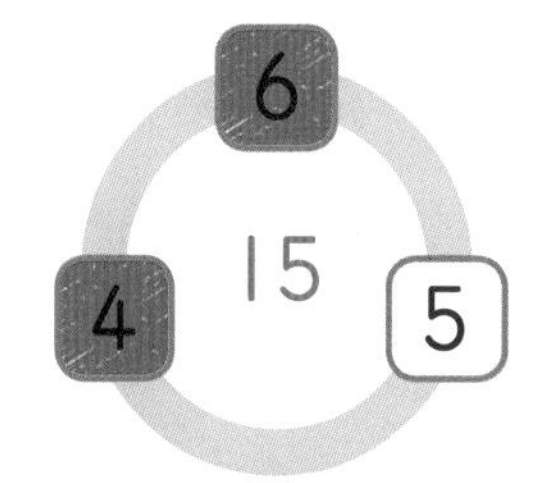

1일

10을 이용한 덧셈

10 더하기 몇 ①

원리 모두 얼마가 있을까요? 덧셈을 하세요.

$10+3=$ 13

$10+7=$ □

$10+8=$ □

$5+10=$ □

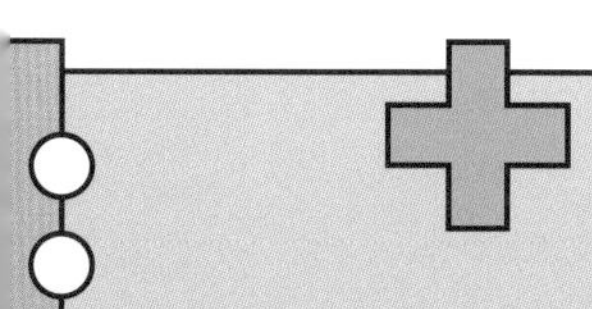

지도가이드

22단계에서 배운 '(십몇)+(몇)'과 같은 개념으로 덧셈을 학습합니다.
'10+(몇)'은 받아올림이 있는 한 자리 수끼리의 덧셈을 학습하기 위한 준비 과정입니다. 10에 한 자리 수를 더하는 과정을 통해 자릿값의 개념도 한번 더 복습하세요.

덧셈을 하세요.

$10+2=\square$

$10+6=\square$

$10+5=\square$

$10+7=\square$

$10+9=\square$

$10+1=\square$

$10+8=\square$

$10+3=\square$

$4+10=\square$

$2+10=\square$

2일

10을 이용한 덧셈

10 더하기 몇 ②

원리 수직선에 뛰어 세는 화살표를 그리고, □ 안에 알맞은 수를 쓰세요.

10+□=18

10 11 12 13 14 15 16 17 18 19 20

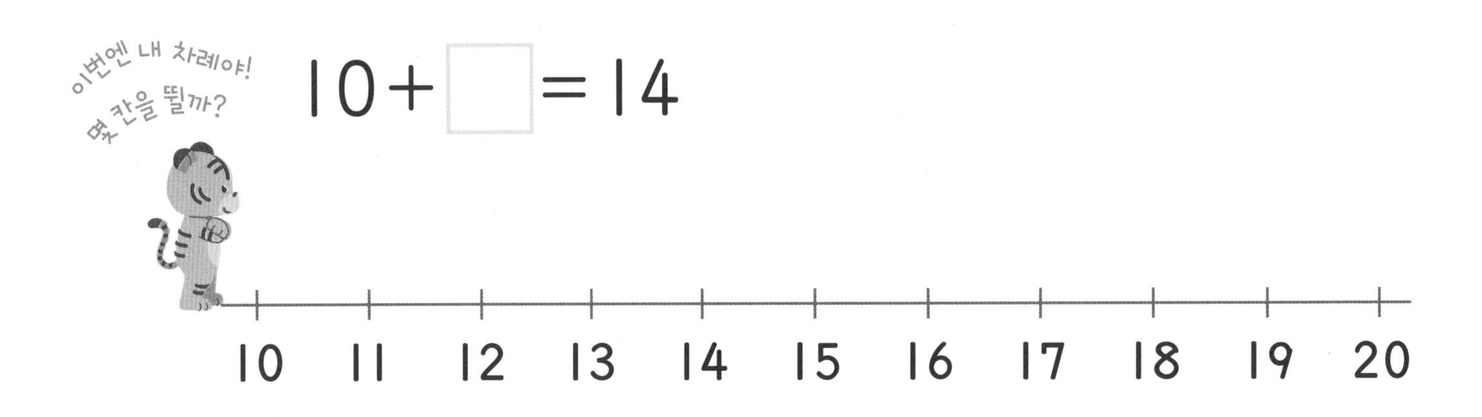

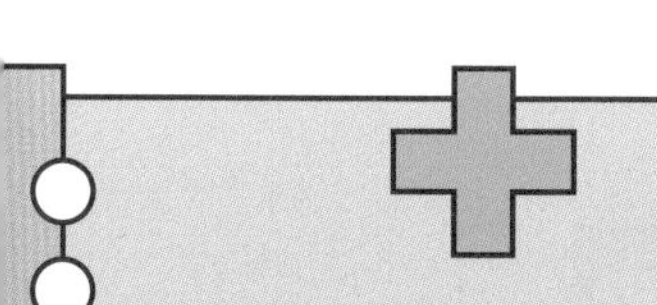

지도가이드

수직선을 뛰어 세면서 덧셈식을 완성합니다. 이어 세기 전략은 처음 수를 미리 세었다고 생각하고 더하는 수만큼 이어서 세는 방법이므로 '10+(몇)=13'을 계산할 때 10에서 출발하여 11, 12, 13으로 13까지 이어서 세고, 3만큼 이어서 세었다는 것을 알 수 있게 도와주세요.

□ 안에 알맞은 수를 쓰세요.

10+□=13

10 15 20

10+□=12

10 15 20

10+□=19

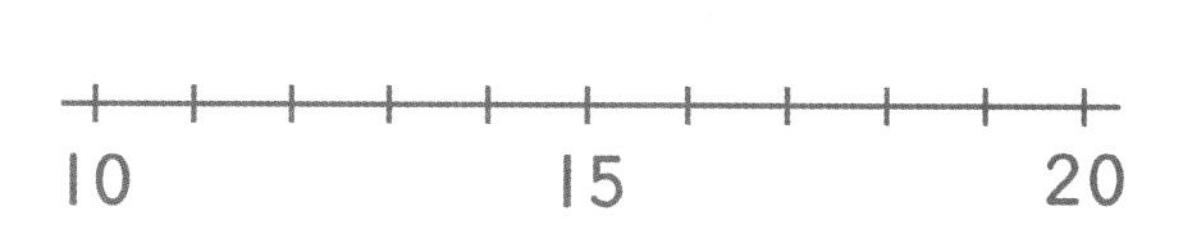

10+□=16

10 15 20

10+□=14

10+□=15

10+□=17

10+□=11

3일

10을 이용한 덧셈

5×2 상자로 10 만들어 덧셈하기

원리 주어진 덧셈식에 맞게 구슬을 그리고, 덧셈을 하세요.

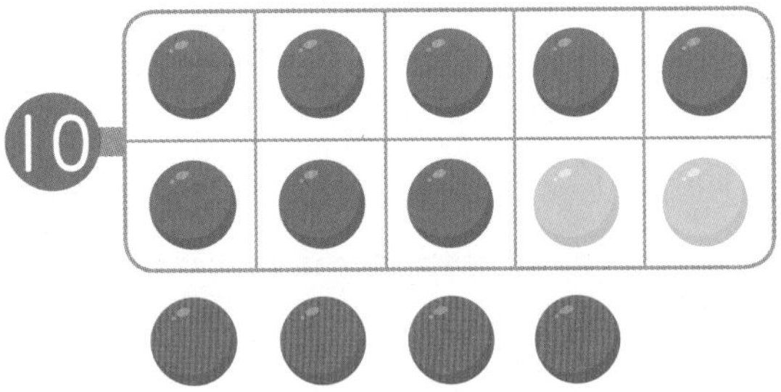

$8+2+4=$ ☐ (8+2 → 10)

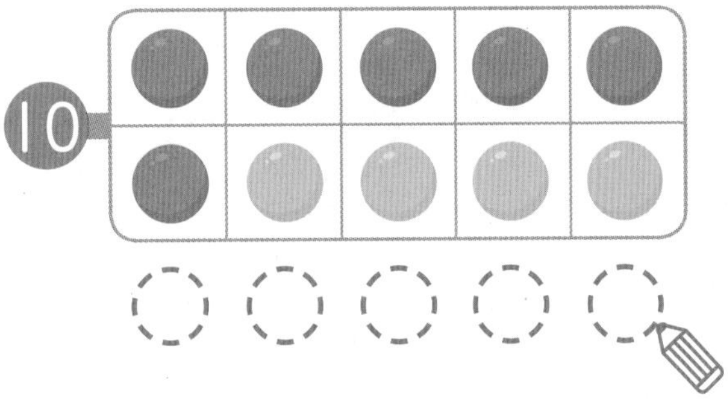

$6+4+5=$ ☐ (6+4 → 10)

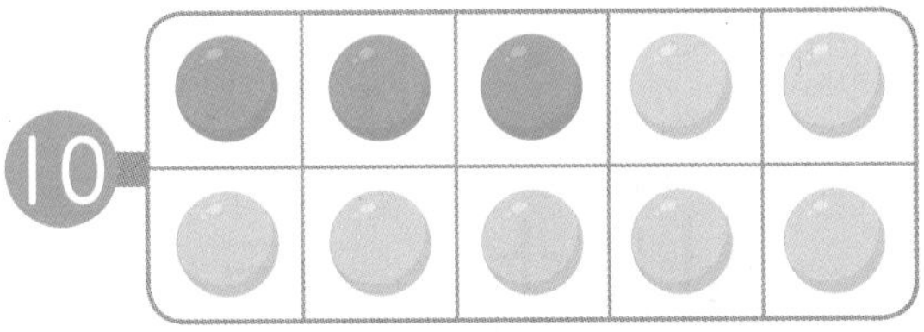

$3+7+2=$ ☐ (3+7 → 10)

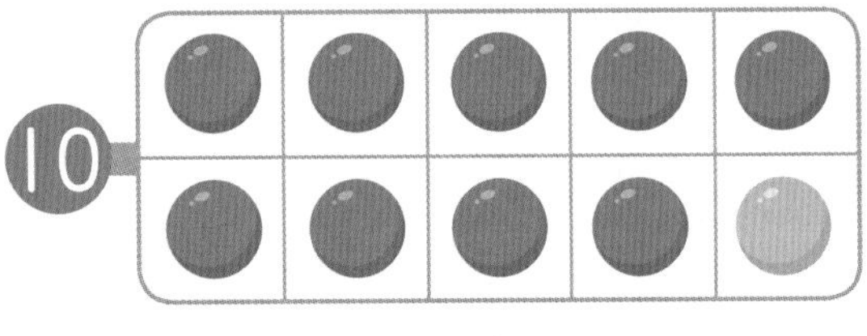

$9+1+3=$ ☐ (9+1 → 10)

지도가이드

5×2 상자 모델에서 앞의 두 수만으로 10칸짜리 상자가 꽉 찬다는 것을 확인시켜 주세요.
앞의 두 수의 합이 10이 되면 '8+2+4'를 '10+4'로 쉽게 계산할 수 있습니다. 여기서는 항상 앞의 두 수를 더해 10을 만들지만, 4일차는 더하는 순서가 다르므로 계산에 주의하세요.

적용 덧셈을 하세요.

더해서 10이 되는 두 수를 찾아야 해.

$1+9+2=\square$ (1+9 → 10)

$2+8+3=\square$ (2+8 → 10)

$5+5+6=\square$

$3+7+4=\square$

$4+6+8=\square$

$6+4+1=\square$

$9+1+5=\square$

$7+3+4=\square$

$8+2+9=\square$

$5+5+7=\square$

10을 이용한 덧셈

수 고리로 10 만들어 덧셈하기

원리 더해서 10이 되는 두 수를 찾아 색칠하고, 가운데에 세 수의 합을 쓰세요.

6, 4, 5 → 15

1, 2, 9

3, 8, 7

3, 6, 4

4, 5, 5

2, 8, 1

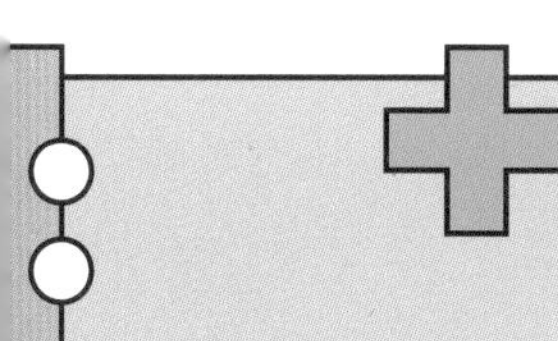

지도가이드

10이 되는 두 수를 찾아 먼저 더한 후 나머지 수를 더합니다. 더해서 10이 되는 두 수가 뒤쪽에 있는 문제도 있으므로 먼저 식을 잘 살핀 후 계산해야 합니다. 앞에서부터 수를 차례로 더하는 것보다 10을 만들어 더하는 것이 더 쉽다는 것을 느낄 수 있도록 지도해 주세요.

덧셈을 하세요.

더해서 10이 되는 두 수를 찾아 묶어 보자.

$3+7+5=\square$

$9+2+8=\square$

$4+6+7=\square$

$3+5+5=\square$

$1+9+8=\square$

$2+7+3=\square$

$5+5+2=\square$

$6+9+1=\square$

$8+2+4=\square$

$7+6+4=\square$

5일

1학년 연산 미리보기

연이은 덧셈 문장제

❶ 덧셈식을 세우고 ➡ ❷ 10을 만들면서 계산하세요.

바구니에 사과는 6개, 배는 4개, 귤은 3개 있습니다.
바구니에 있는 과일은 모두 몇 개일까요?

잠깐!

'모두' 구하는 문제는 덧셈식을 세워야 해요.
수가 여러 개 있는 덧셈식은 앞에서 공부한 것처럼
먼저 10을 만들고 더하는 게 더 쉽겠죠?

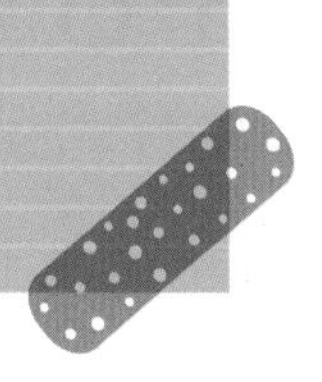

사과 6개

배 4개

귤 3개

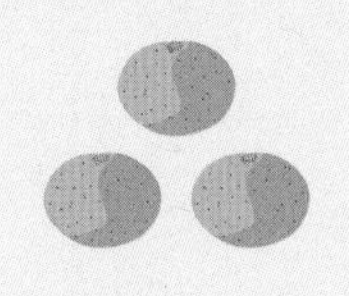

덧셈식

6	+	4	+		=	

답 과일은 모두 ________ 개입니다.

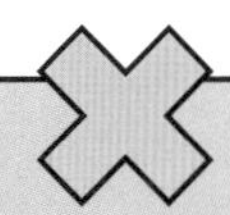

지도가이드

세 수의 덧셈 문장제입니다. 앞에서 배웠던 것처럼 덧셈식을 세운 후 10이 되는 두 수를 찾아 먼저 더하도록 유도해 주세요. 아이가 아직 세 수의 덧셈을 어려워한다면 5×2 상자 모델을 이용해 그림을 그리면서 덧셈을 하는 것도 좋습니다.

❶ 덧셈식을 세우고 ➡ ❷ 10을 만들면서 계산하세요.

색종이가 빨간색 5 장, 노란색 8 장, 파란색 2 장 있습니다.
색종이는 **모두** 몇 장일까요?

덧셈식
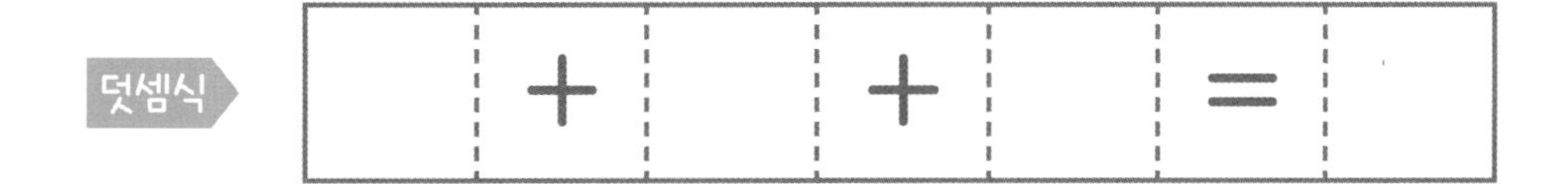

답 색종이는 모두 ________ 장입니다.

포도 맛 젤리가 3 개, 복숭아 맛 젤리가 7 개, 딸기 맛 젤리가 2 개 있습니다.
젤리는 **모두** 몇 개일까요?

덧셈식
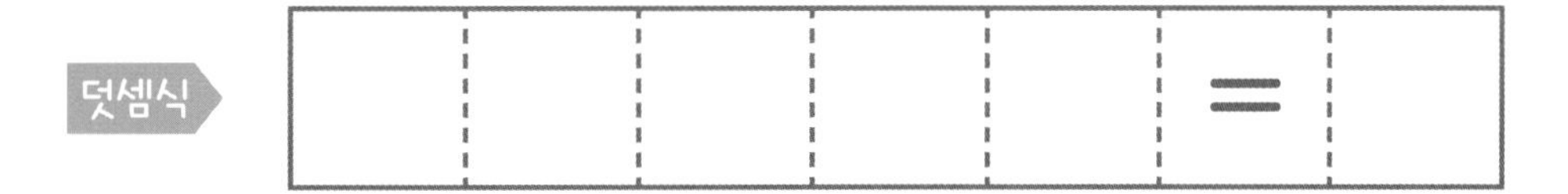

답 젤리는 모두 ________ 개입니다.

10을 이용한 뺄셈

어떻게 공부할까요?

	공부할 내용	공부한 날짜	확인
1일	100I 되는 뺄셈 ①_동전	월 일	
2일	100I 되는 뺄셈 ②_수직선	월 일	
3일	5×2 상자로 10 만들어 뺄셈하기	월 일	
4일	수직선으로 10 만들어 뺄셈하기	월 일	
5일	1학년 연산 미리보기 동그라미 기호 익히기	월 일	

무엇을 배울까요?

초등 연계 [1-2] 2. 덧셈과 뺄셈(1)

24단계에서는 받아내림이 있는 뺄셈을 준비합니다. 앞에서 배웠던 것과 마찬가지로 받아내림이 있는 뺄셈도 10이 되는 두 수를 찾는 것이 중요합니다. '십몇'에서 '몇'을 빼야 10이 되는지 연산 결과를 살펴보고, 빼는 수가 커졌을 때의 두려움에서 벗어날 수 있도록 학습하세요. 10을 이용한 연이은 뺄셈은 십몇을 10과 몇으로 가르는 것에서부터 받아내림이 있는 뺄셈까지의 흐름을 한번에 이해할 수 있는 연결고리가 됩니다. 10이 되도록 앞에서부터 두 수를 빼고, 계산 결과인 10에서 나머지 수를 뺍니다.

연산 시각화 모델

5×2 상자 모델

5×2 배열의 10칸짜리 상자와 몇 개의 구슬이 있을 때 상자 밖에서부터 ⬭로 묶어서 빼내고, 나머지를 상자 안에서 빼내면서 뺄셈을 하는 방법입니다. 10이 되도록 앞의 두 수를 먼저 계산하고, 10에서 나머지 수를 뺍니다.

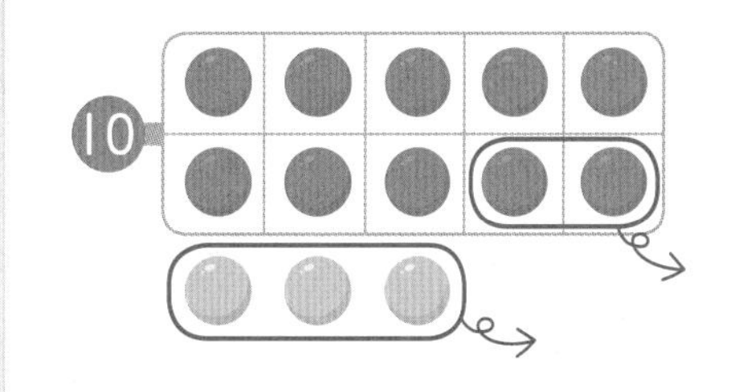

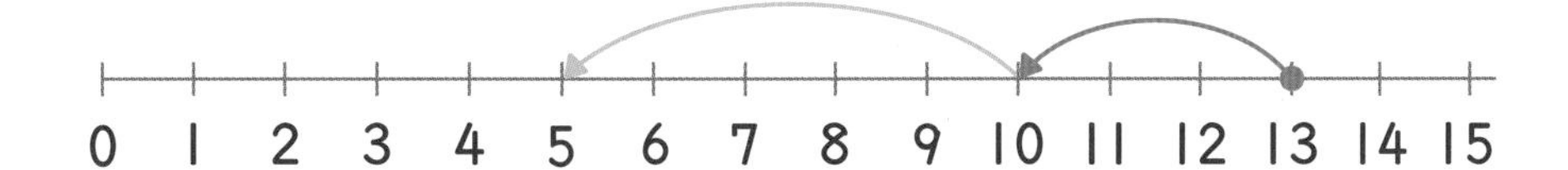

수직선 모델

수직선에서 오른쪽으로 뛰면 덧셈, 왼쪽으로 뛰면 뺄셈을 나타냅니다. '13−8'을 계산할 때 13에서 10까지 3만큼 왼쪽으로 한번에 뛰어 움직이고, 10에서 다시 남은 수 5만큼 왼쪽으로 뛰도록 화살표를 그리면서 계산합니다.

1 일

10을 이용한 뺄셈

10이 되는 뺄셈 ①

원리 동전이 어떻게 달라지는지 잘 보고 □ 안에 알맞은 수를 쓰세요.

$17-7=\square$

$14-4=\square$

$12-\square=10$

$16-\square=10$

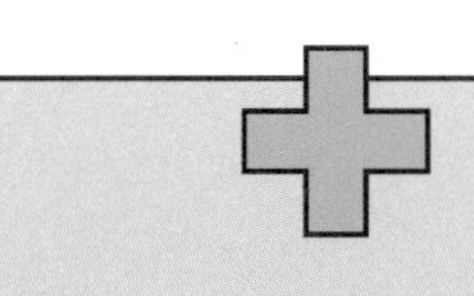

지도가이드

받아내림이 있는 '(십몇)−(몇)'을 학습하기 위한 준비 과정입니다.
십몇에서 몇을 빼야 10을 만들 수 있는지 알면 이후에 배우는 받아내림을 쉽게 이해할 수 있습니다. 아이가 어렵게 느낀다면 20단계로 되돌아가 십몇의 구조를 다시 한번 살펴보세요.

적용 □ 안에 알맞은 수를 쓰세요.

$11-1=\square$

$15-\square=10$

$13-3=\square$

$18-\square=10$

$16-6=\square$

$14-\square=10$

$19-9=\square$

$17-\square=10$

2일

10을 이용한 뺄셈

10이 되는 뺄셈 ②

원리 수직선에 뛰어 세는 화살표를 그리고, □ 안에 알맞은 수를 쓰세요.

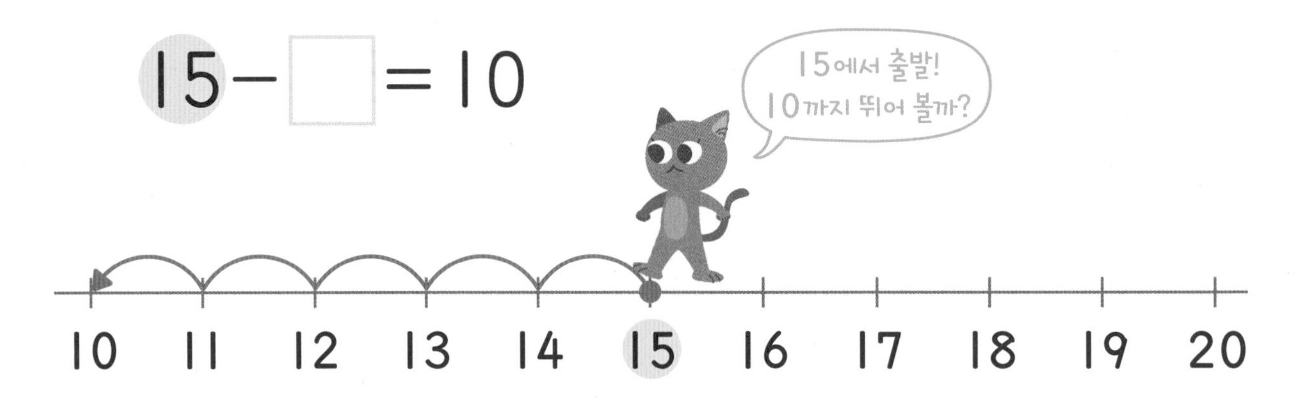

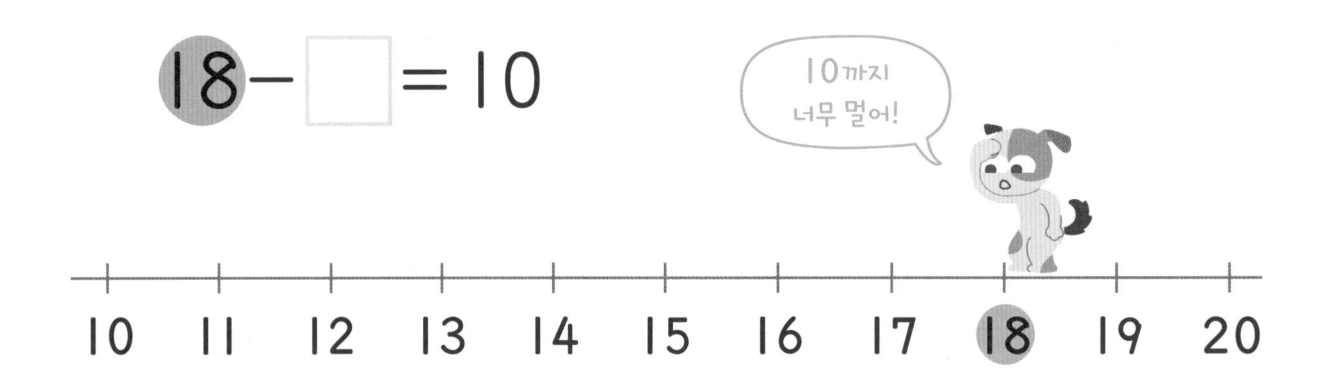

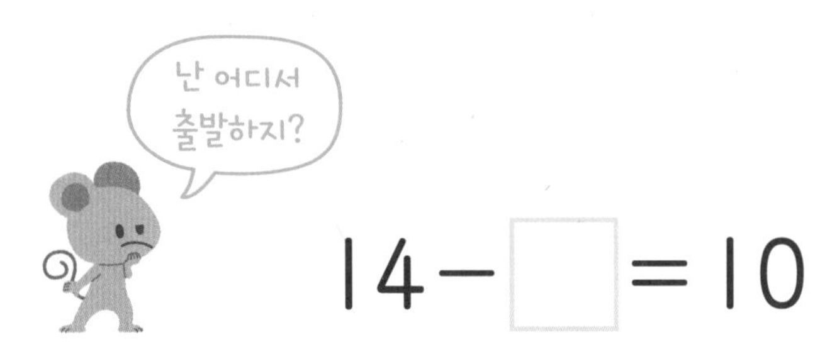

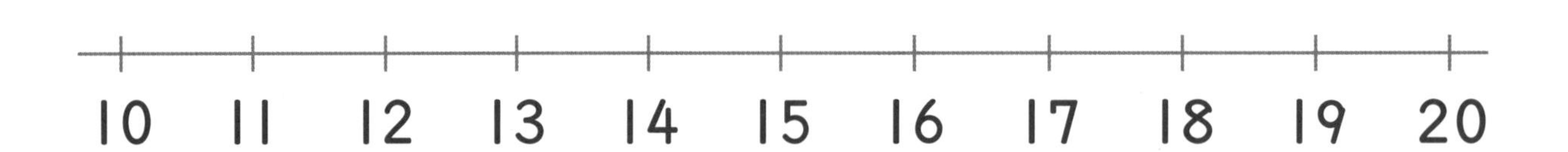

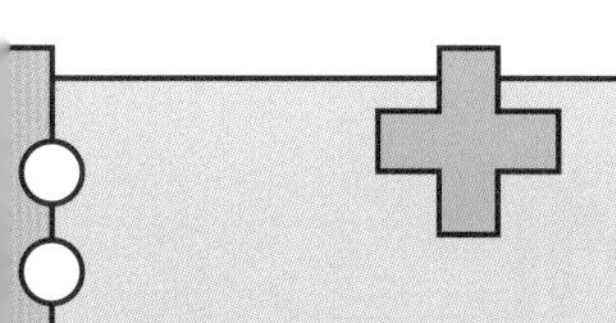

수직선을 거꾸로 뛰어 세면서 뺄셈식을 완성합니다. 거꾸로 이어 세기 전략은 처음 수를 미리 세었다고 생각하고 빼는 수만큼 거꾸로 이어서 세는 방법이므로 '13−(몇)=10'을 계산할 때 13에서 출발하여 12, 11, 10으로 10까지 거꾸로 이어서 세고, 3만큼 거꾸로 이어서 세었다는 것을 알 수 있게 도와주세요.

□ 안에 알맞은 수를 쓰세요.

13 − □ = 10

10 15 20

16 − □ = 10

10 15 20

12 − □ = 10

10 15 20

17 − □ = 10

10 15 20

19 − □ = 10

18 − □ = 10

11 − □ = 10

15 − □ = 10

3일

10을 이용한 뺄셈

5×2 상자로 10 만들어 뺄셈하기

원리 주어진 뺄셈식에 맞게 구슬을 ◯로 묶으면서 빼고, 뺄셈을 하세요.

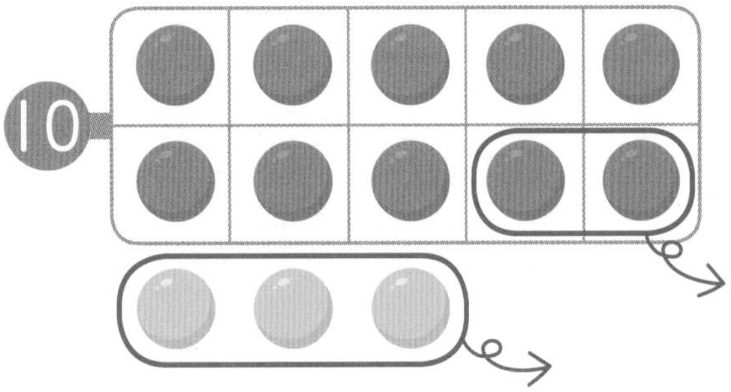

10

$13-3-2=\square$ (13−3 → 10)

10

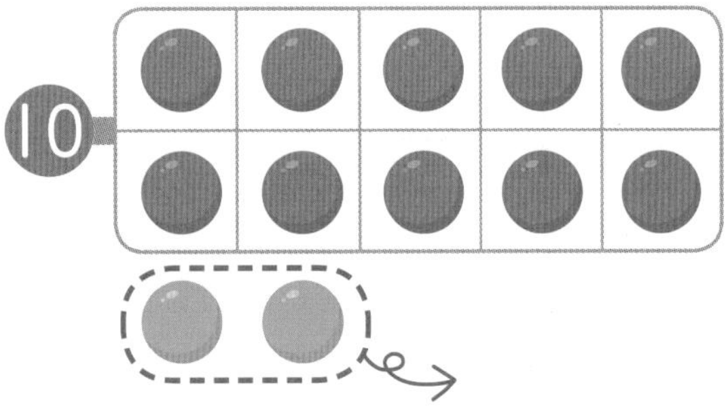

$12-2-6=\square$ (12−2 → 10)

10

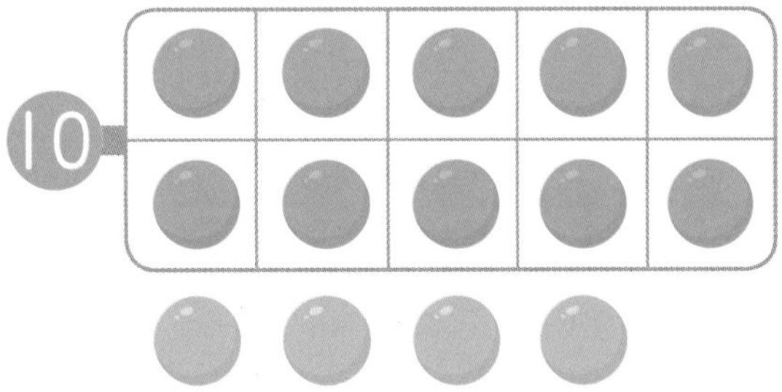

$14-4-5=\square$ (14−4 → 10)

10

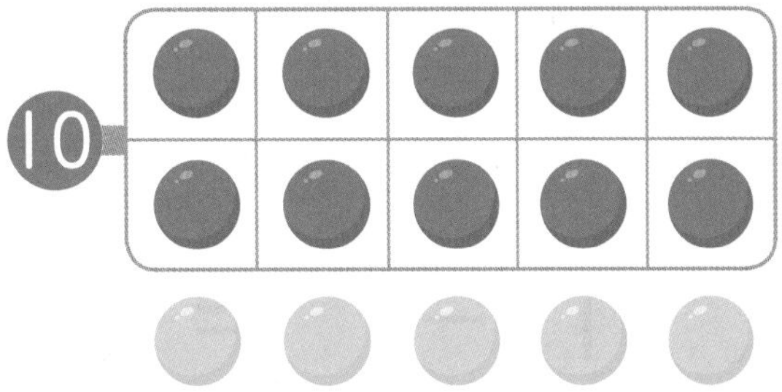

$15-5-7=\square$ (15−5 → 10)

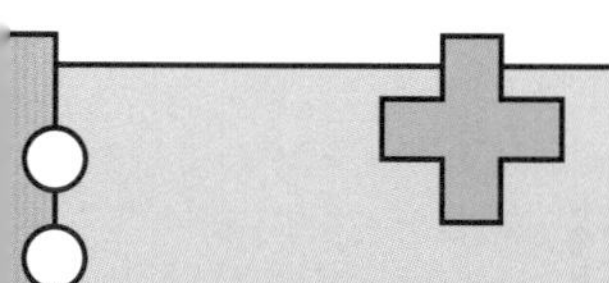

지도가이드

뺄셈에서 10을 먼저 만들고 나머지 수를 뺍니다. 연이는 뺄셈은 순서를 바꾸어 계산하지 않고 앞에서부터 차례로 계산해야 하는 것에 주의해야 합니다.
순서에 맞게 연이은 뺄셈을 하면서 '받아내림이 있는 (십몇)−(몇)'의 뺄셈을 준비하세요.

적용 뺄셈을 하세요.

$11-1-2=\square$ (11−1 = 10)

$14-4-7=\square$ (14−4 = 10)

$18-8-3=\square$

$17-7-1=\square$

$17-7-8=\square$

$13-3-6=\square$

$15-5-4=\square$

$16-6-9=\square$

$19-9-5=\square$

$18-8-2=\square$

4일

10을 이용한 뺄셈

수직선으로 10 만들어 뺄셈하기

원리 수직선에 뛰어 세는 화살표를 그리고, 뺄셈을 하세요.

$13-3-5=\square$

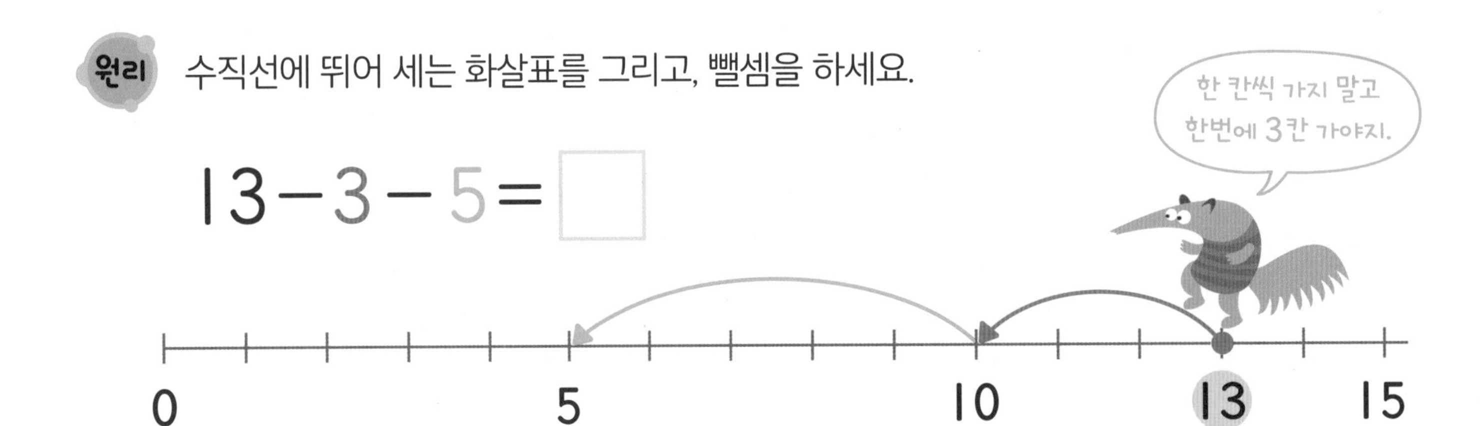

$14-4-2=\square$

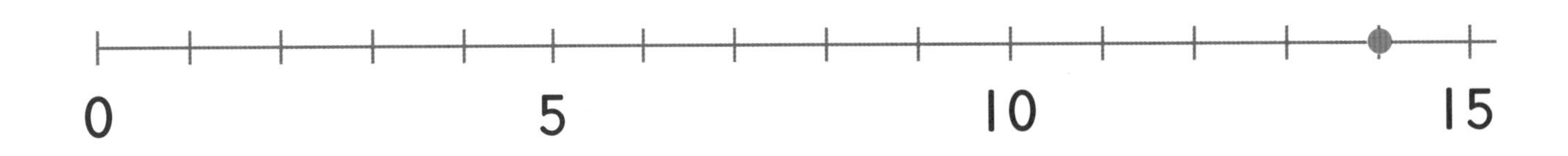

$12-2-6=\square$

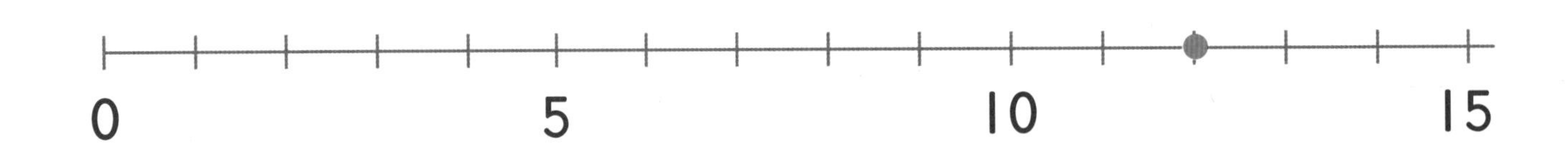

$15-5-4=\square$

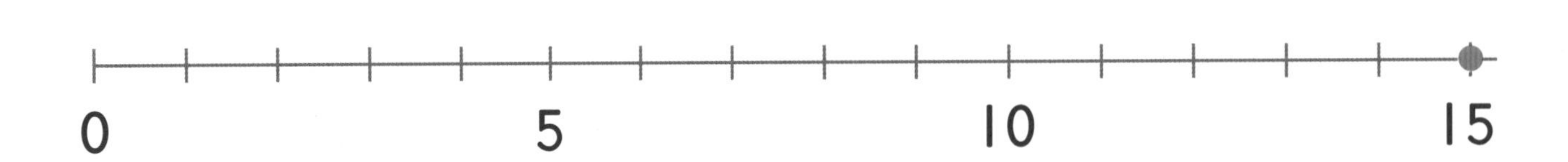

지도가이드

세 수의 뺄셈을 수직선을 이용하여 연습합니다. 주어진 수에서 10까지는 한번에 뛰어 먼저 10을 만들고, 10부터 나머지 수만큼 더 뛰어서 뺄셈을 할 수 있도록 도와주세요. 4권의 받아내림이 있는 '13−8'에서 8을 3과 5로 나눈 후 3을 먼저 빼고, 그 결과인 10에서 남은 5를 빼는 방법과 같습니다.

뺄셈을 하세요.

$16-6-3=\square$

$18-8-1=\square$

$13-3-9=\square$

$19-9-2=\square$

$11-1-4=\square$

$17-7-3=\square$

$12-2-5=\square$

$14-4-6=\square$

$15-5-7=\square$

$13-3-8=\square$

5일

1학년 연산 미리보기

동그라미 기호 익히기

❶ 식을 모두 계산하고 ➡ ❷ 크기를 비교하고 ➡ ❸ 기호를 쓰세요.

계산 결과가 **더 큰 식**을 찾아 **기호**를 쓰세요.

㉠ 13－3－8

㉡ 17－7－5

잠깐!

2권에서 배운 번호(①②③④)처럼 답을 쓸 때 식 대신 기호를 써요. 기호는 대부분 ㉠㉡㉢㉣이나 ㉮㉯㉰㉱처럼 동그라미 안에 한글로 쓴답니다.

계산 ㉠ 13－3－8＝ 2

㉡ 17－7－5＝ □

더 큰 수 쪽으로 벌어지도록 >, < 중에서 하나를 쓰자.

결과 비교 2 ◯ □

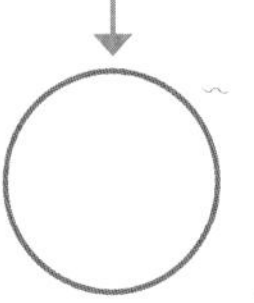

답 계산 결과는 ________ 이 더 큽니다.

㉠과 ㉡ 중에서 하나를 골라 쓰자!

지도가이드

10단계에서 배운 객관식 문제의 ①②③④처럼 초등학교에서는 ㉠㉡㉢㉣, ㉮㉯㉰㉱와 같은 기호를 쓰기도 합니다. 식 전체를 답으로 쓰면 너무 길어서 간단하게 나타낸다는 의미이므로 문제의 답을 기호로 써야 한다는 사실을 알려 주세요.

❶ 식을 모두 계산하고 ➡ ❷ 크기를 비교하여 기호를 쓰세요.

계산 결과가 더 작은 식을 찾아 기호를 쓰세요.

㉠ $4+6+1$	㉡ $9+1+4$

계산 ㉠ $4+6+1=$ ☐, ㉡ $9+1+4=$ ☐

답 계산 결과는 ______ 이 더 작습니다.

기호가 다르게 생겼네!

계산 결과가 더 큰 식을 찾아 기호를 쓰세요.

㉮ $14-4-1$	㉯ $3+7+2$

계산 ㉮ $14-4-1=$ ☐, ㉯ $3+7+2=$ ☐

답 계산 결과는 ______ 가 더 큽니다.

3권의 학습이 끝났습니다.
기억에 남는 내용을
자유롭게 기록해 보세요.

4권에서
만나요!

한 눈에 보는 정답

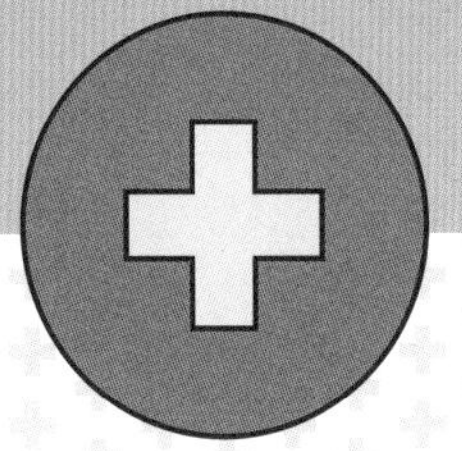

17 단계 10 모으기와 가르기

1일 8~9쪽

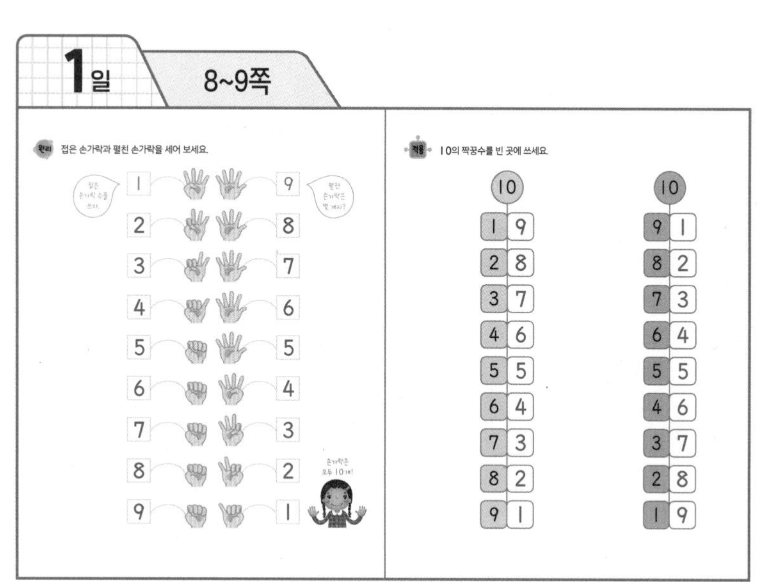

2일 10~11쪽

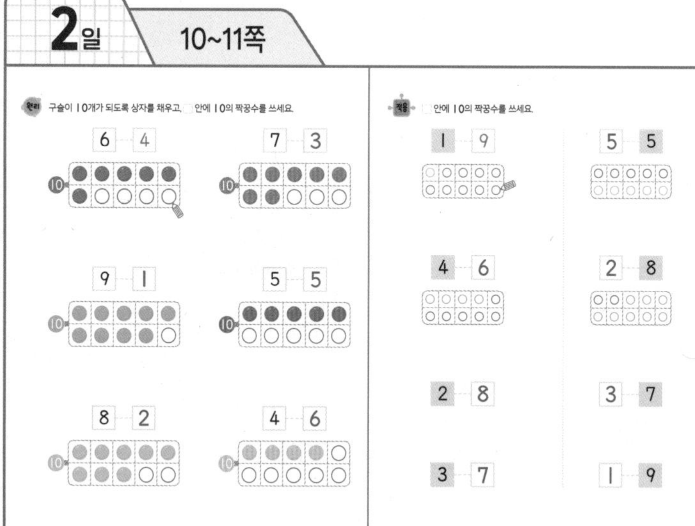

3일 12~13쪽

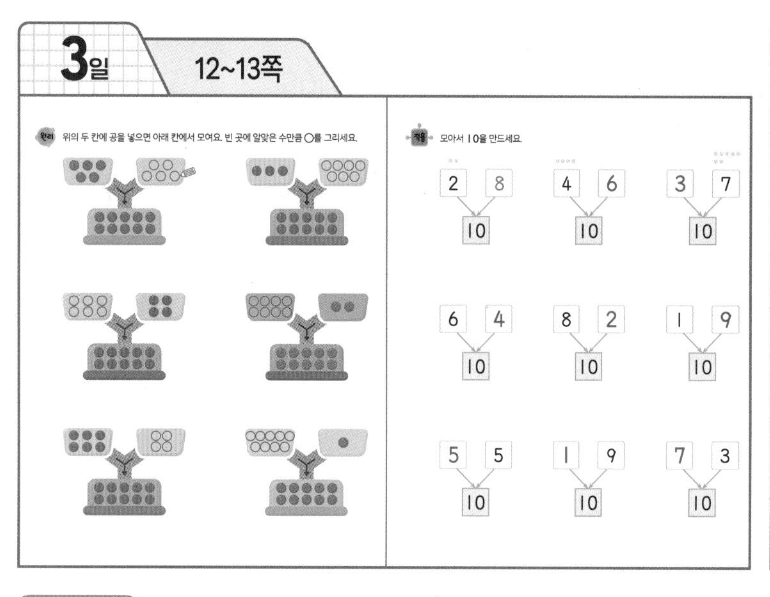

4일 14~15쪽

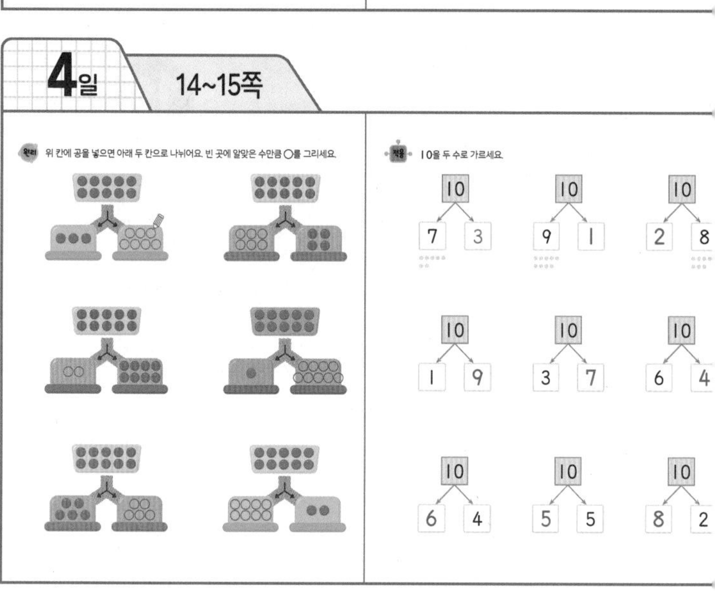

5일 16~17쪽

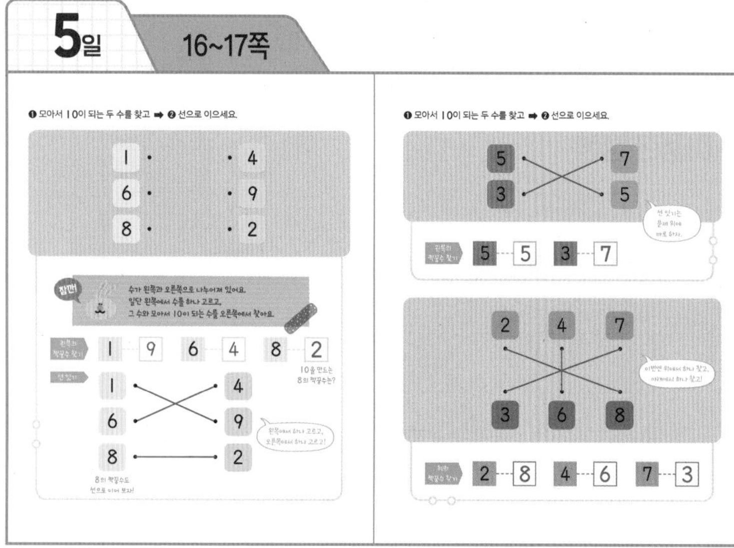

1일 20~21쪽

원리 오징어 다리가 모두 10개가 되도록 더 그리고, 안에 알맞은 수를 쓰세요.

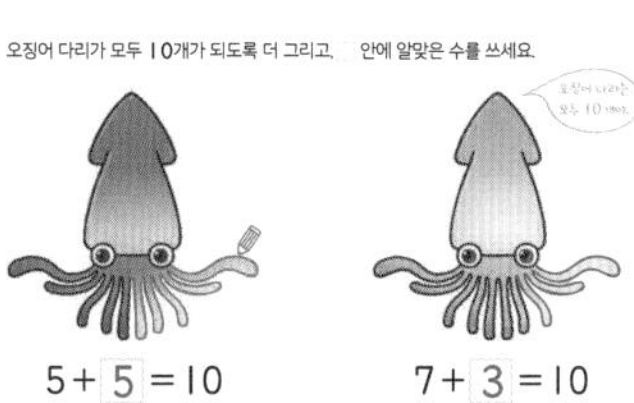
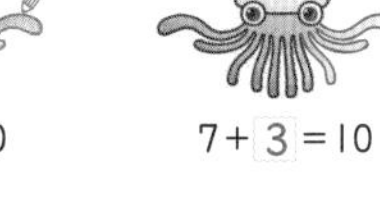

5+ 5 =10   7+ 3 =10

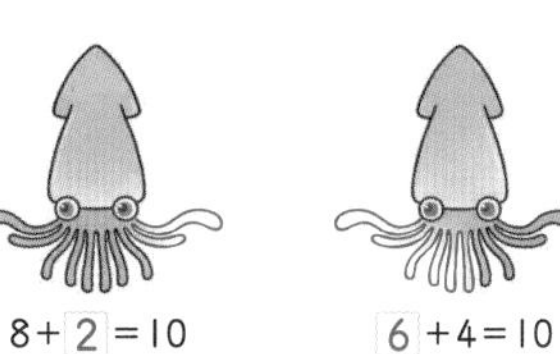

8+ 2 =10   6 +4=10

적용 안에 알맞은 수를 쓰세요.

9+ 1 =10   5 +5=10

4+ 6 =10   2 +8=10

3+ 7 =10   8 +2=10

2+ 8 =10   3 +7=10

1+ 9 =10   4 +6=10

2일 22~23쪽

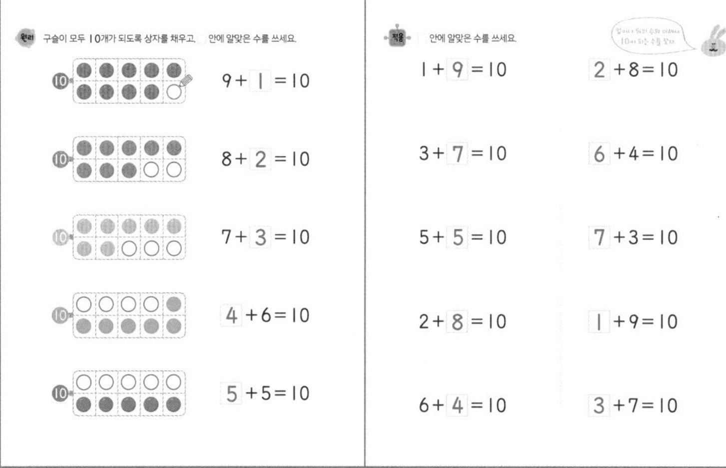

원리 구슬이 모두 10개가 되도록 상자를 채우고, 안에 알맞은 수를 쓰세요.

9+ 1 =10

8+ 2 =10

7+ 3 =10

4 +6=10

5 +5=10

적용 안에 알맞은 수를 쓰세요.

1+ 9 =10   2 +8=10

3+ 7 =10   6 +4=10

5+ 5 =10   7 +3=10

2+ 8 =10   1 +9=10

6+ 4 =10   3 +7=10

3일 24~25쪽

원리 원숭이가 바나나 있는 곳까지 가려고 해요. 몇 칸을 더 뛰어야 할까요?

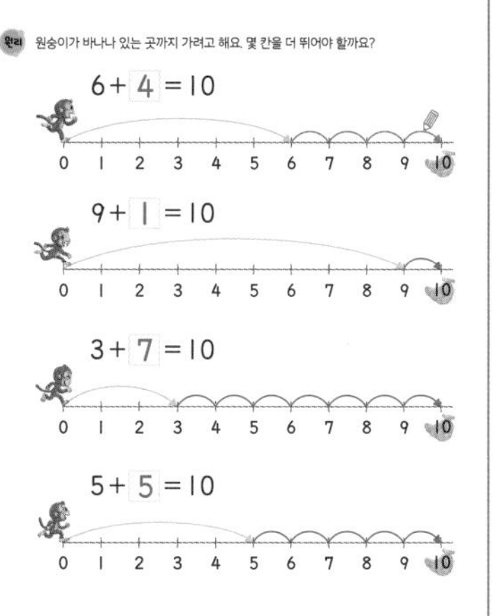

6+ 4 =10

9+ 1 =10

3+ 7 =10

5+ 5 =10

적용 안에 알맞은 수를 쓰세요.

8+ 2 =10   7 +3=10

4+ 6 =10   5 +5=10

1+ 9 =10   1 +9=10

7+ 3 =10   4 +6=10

2+ 8 =10   9 +1=10

4일 26~27쪽

원리 수 카드에 알맞은 수를 쓰고, 덧셈식을 만드세요.

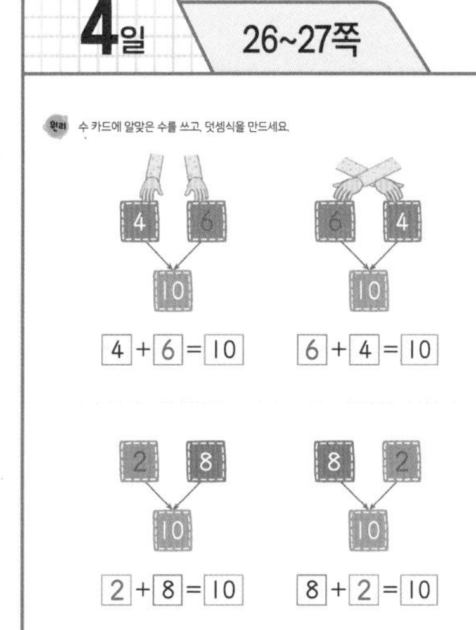

4 + 6 = 10   6 + 4 = 10

2 + 8 = 10   8 + 2 = 10

적용 모아서 10을 만들고, 서로 다른 2개의 덧셈식을 만드세요.

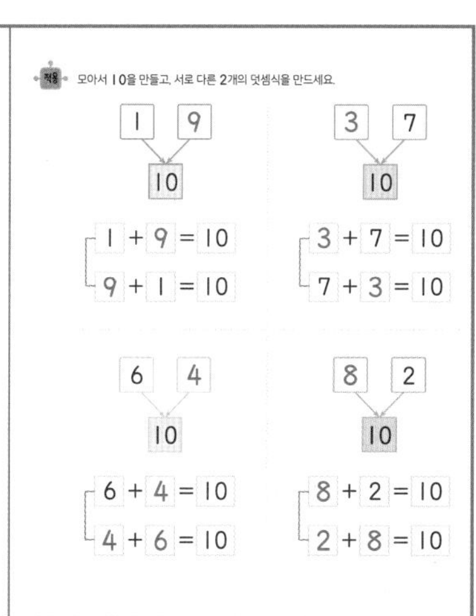

1 + 9 = 10, 9 + 1 = 10

3 + 7 = 10, 7 + 3 = 10

6 + 4 = 10, 4 + 6 = 10

8 + 2 = 10, 2 + 8 = 10

5일 28~29쪽

❶ 모아서 10이 되는 두 수를 찾고 ➡ ❷ 덧셈식을 만드세요.

수 카드 중에서 2장을 골라 합이 10이 되는 덧셈식을 만드세요.

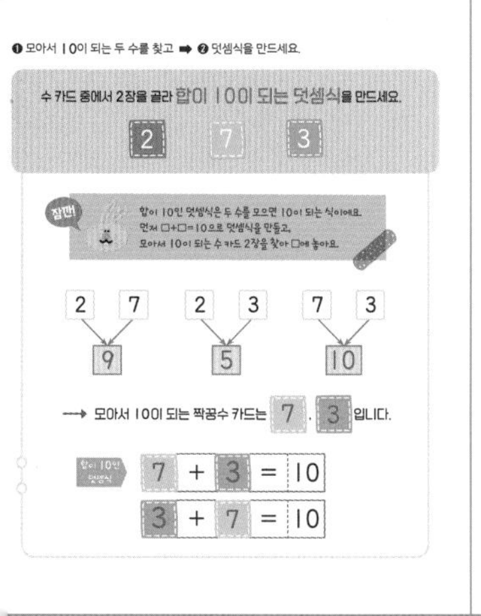

2 7 3

2, 7 → 9   2, 3 → 5   7, 3 → 10

⟶ 모아서 10이 되는 짝꿍수 카드는 7, 3 입니다.

7 + 3 = 10

3 + 7 = 10

❶ 모아서 10이 되는 두 수를 찾고 ➡ ❷ 덧셈식을 만드세요.

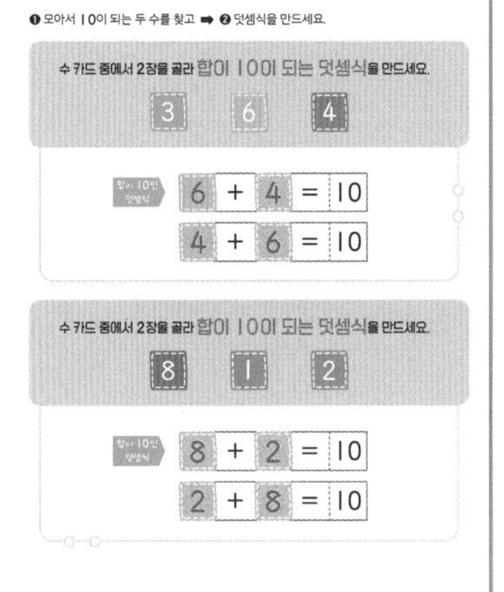

수 카드 중에서 2장을 골라 합이 10이 되는 덧셈식을 만드세요.

3 6 4

6 + 4 = 10

4 + 6 = 10

수 카드 중에서 2장을 골라 합이 10이 되는 덧셈식을 만드세요.

8 1 2

8 + 2 = 10

2 + 8 = 10

19단계 10에서 빼는 뺄셈

1일 32~33쪽

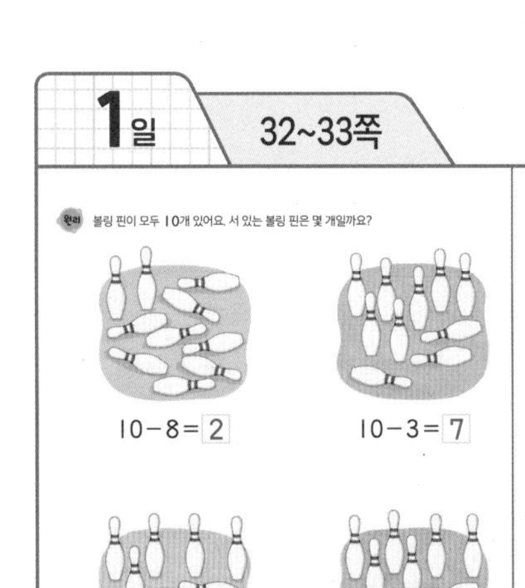

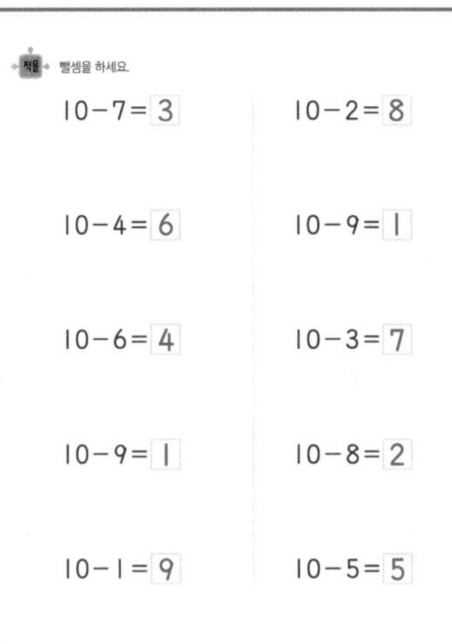

2일 34~35쪽

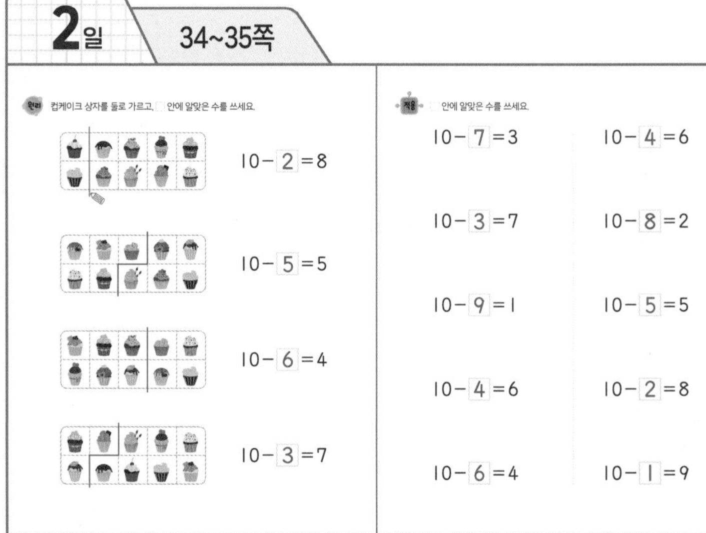

3일 36~37쪽

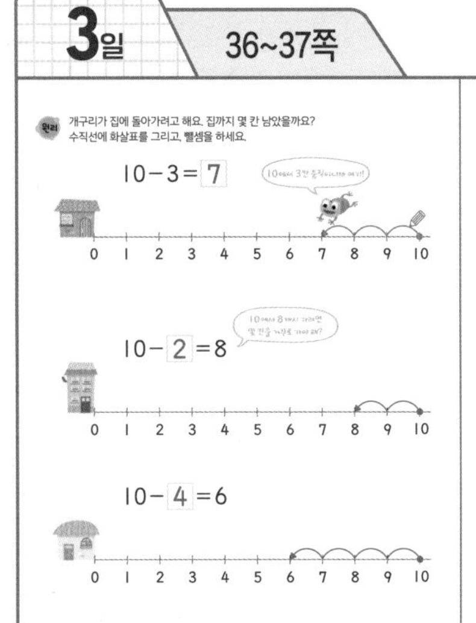

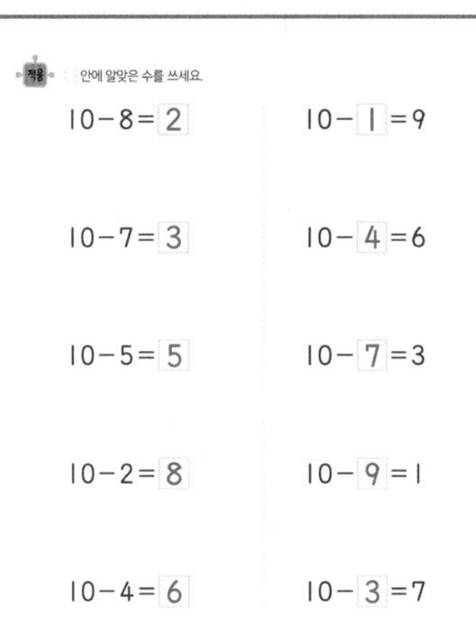

4일 38~39쪽

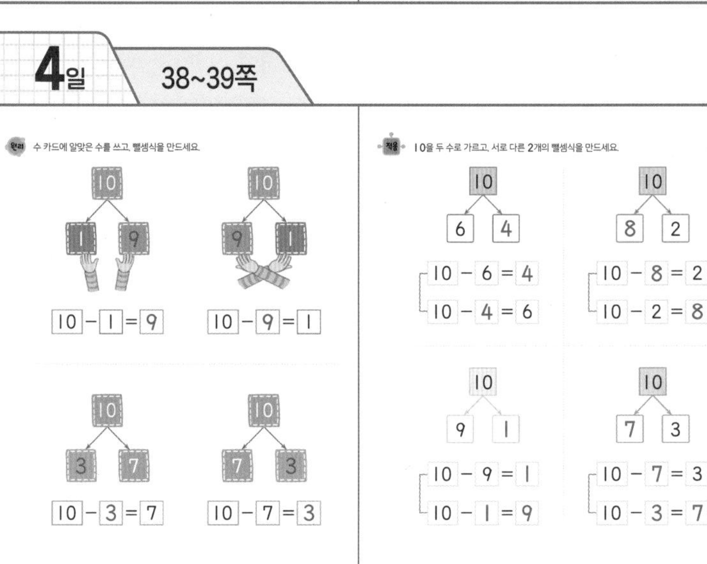

5일 40~41쪽

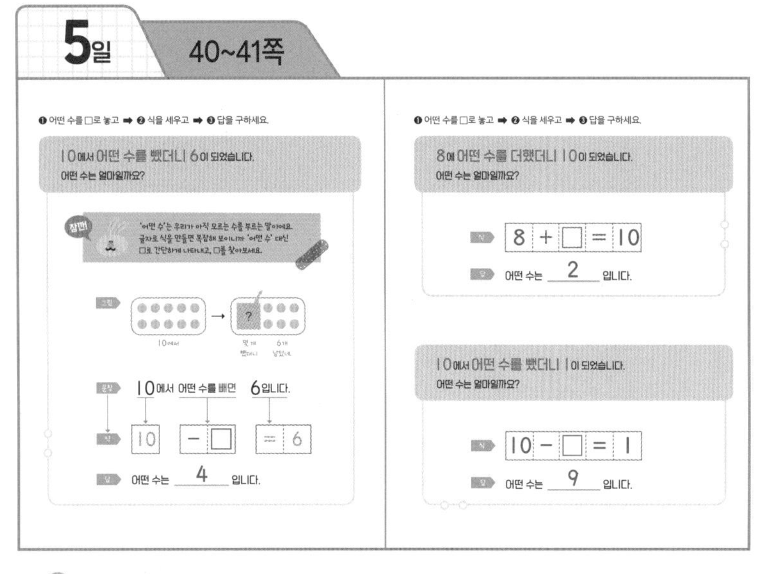

20단계 19까지의 수

1일 44~45쪽

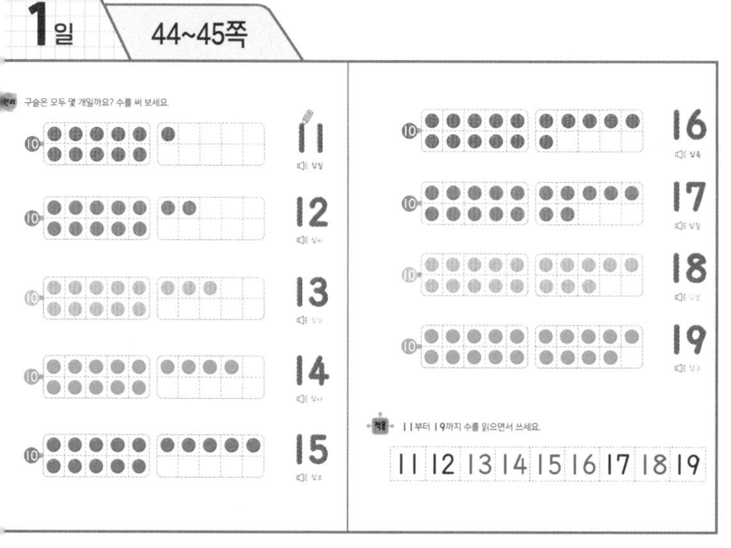

2일 46~47쪽

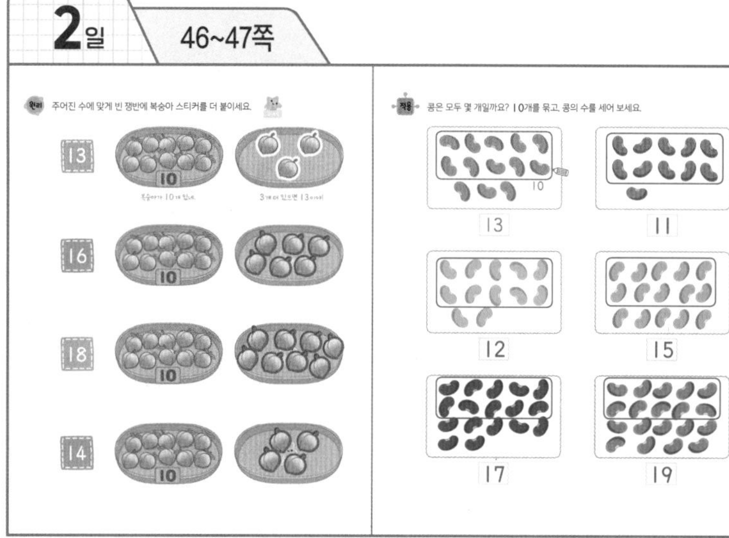

3일 48~49쪽

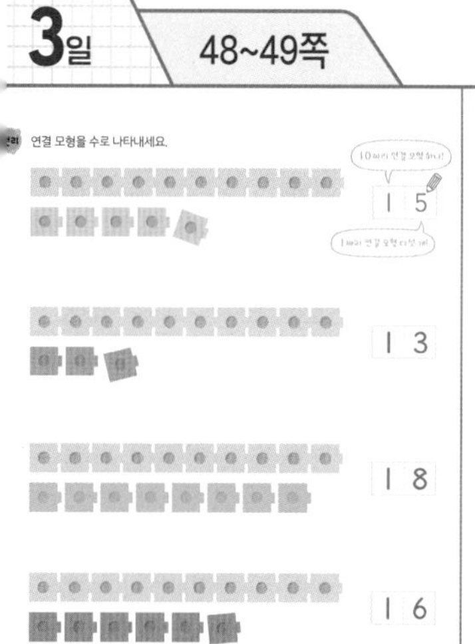

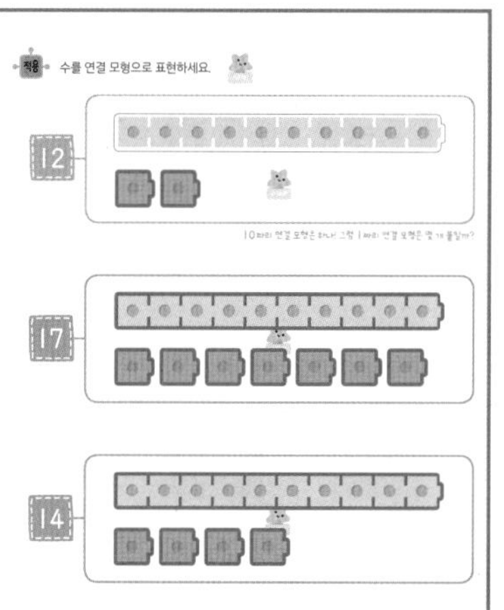

4일 50~51쪽

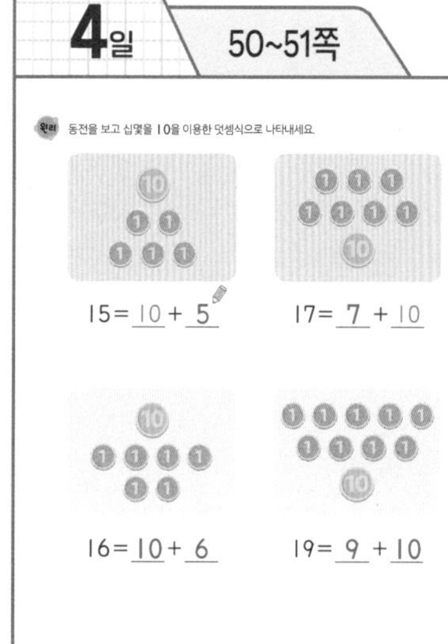

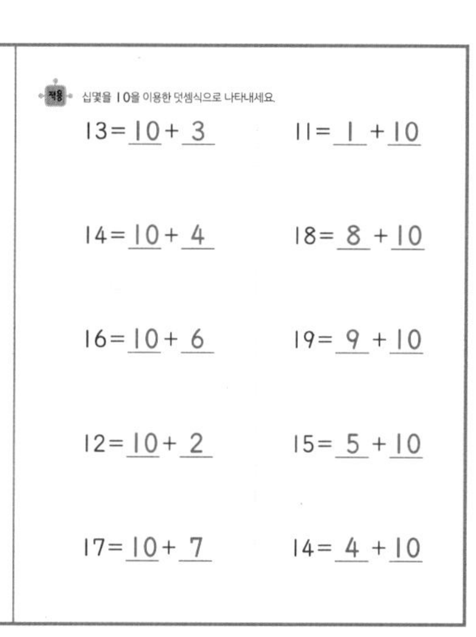

5일 52~53쪽

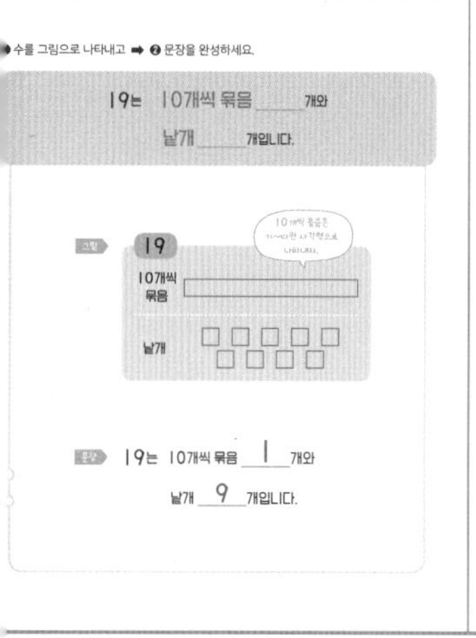

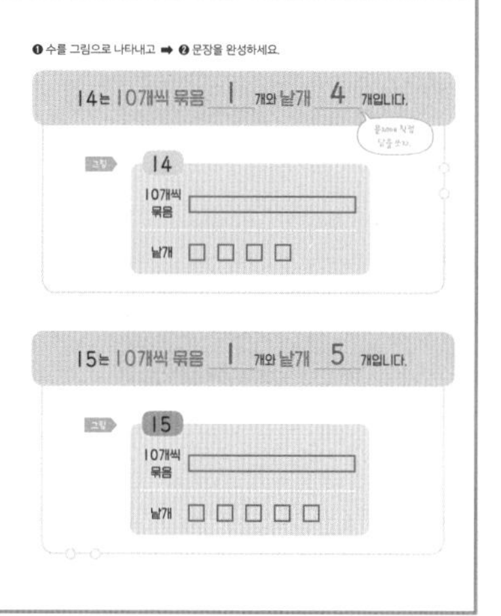

21단계 십몇의 순서

1일 56~57쪽

2일 58~59쪽

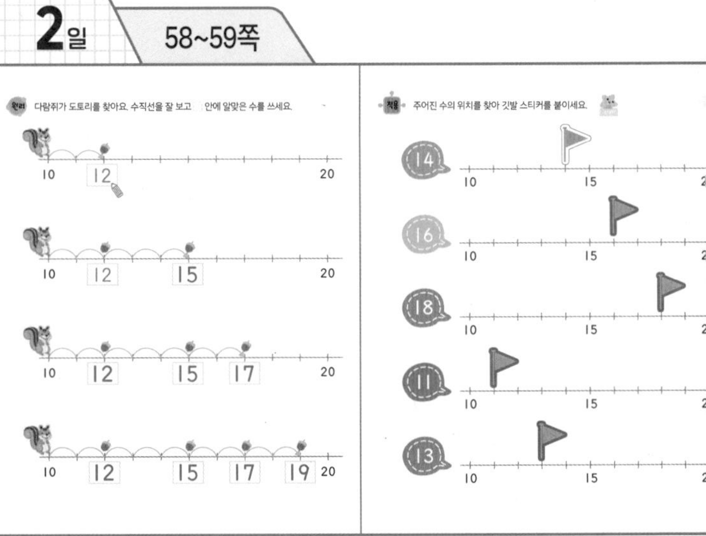

3일 60~61쪽

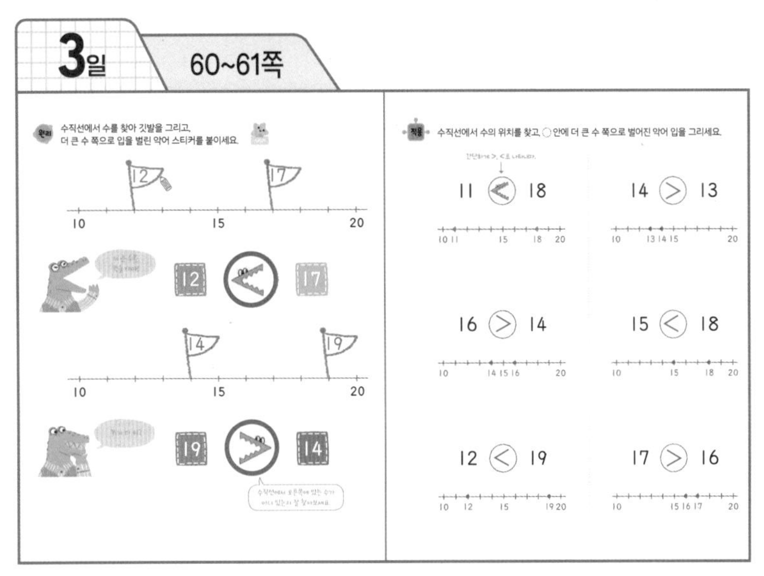

4일 62~63쪽

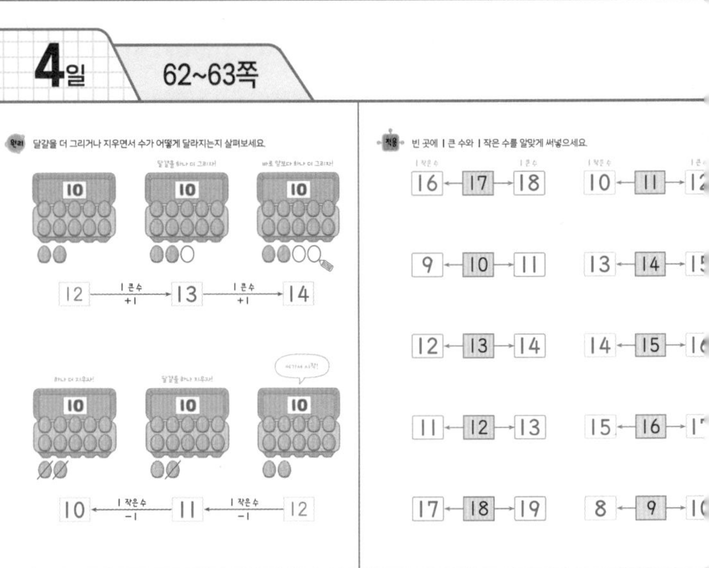

5일 64~65쪽

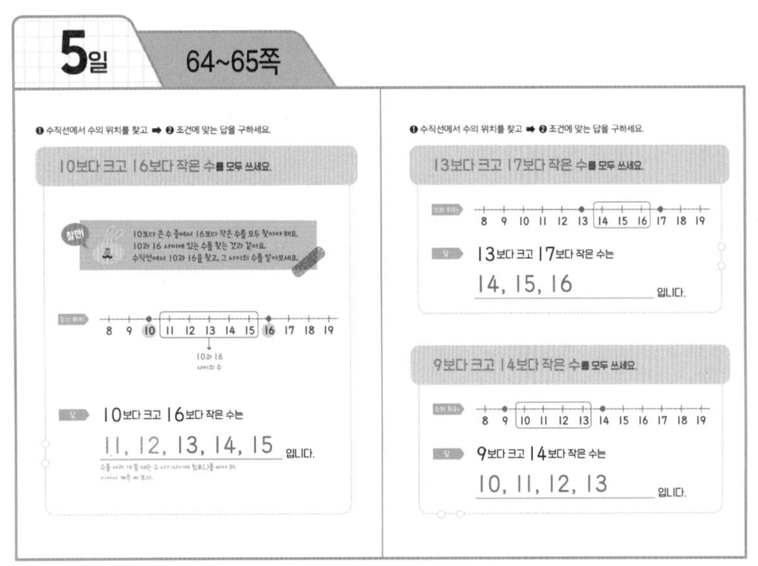

22단계 (십몇)+(몇), (십몇)-(몇)

1일 68~69쪽

원리 수직선에 뛰어 세는 화살표를 그리고, 덧셈을 하세요.

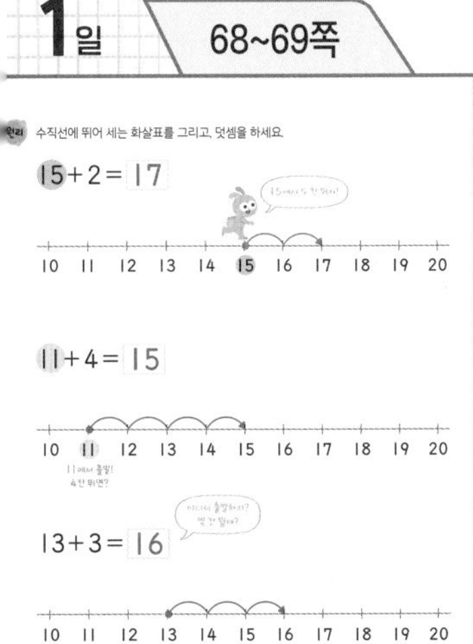

15+2=17

11+4=15

13+3=16

적용 덧셈을 하세요.

12+4=16 17+2=19

18+1=19 14+3=17

11+7=18 13+2=15

15+4=19 16+1=17

2일 70~71쪽

원리 수직선에 뛰어 세는 화살표를 그리고, 뺄셈을 하세요.

17−2=15

15−4=11

16−3=13

적용 뺄셈을 하세요.

14−3=11 18−4=14

19−6=13 13−2=11

12−1=11 17−5=12

15−2=13 16−1=15

3일 72~73쪽

원리 구슬은 모두 몇 개일까요? 구슬을 잘 보고 세로로 덧셈을 하세요.

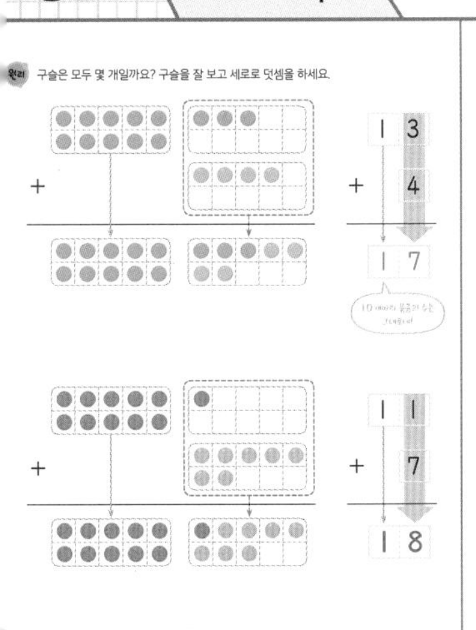

13+4=17

11+7=18

적용 덧셈을 하세요.

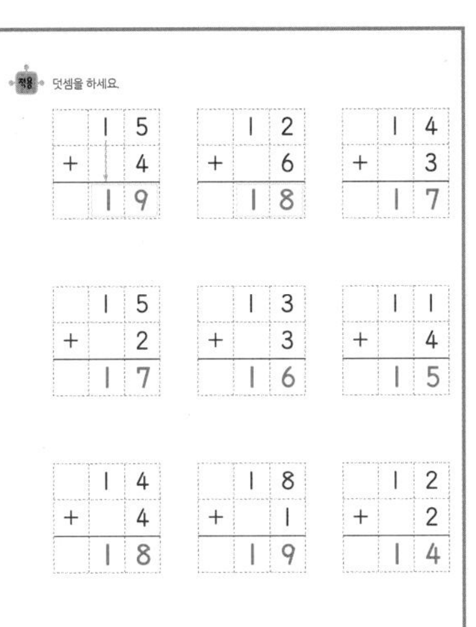

15+4=19 12+6=18 14+3=17

15+2=17 13+3=16 11+4=15

14+4=18 18+1=19 12+2=14

4일 74~75쪽

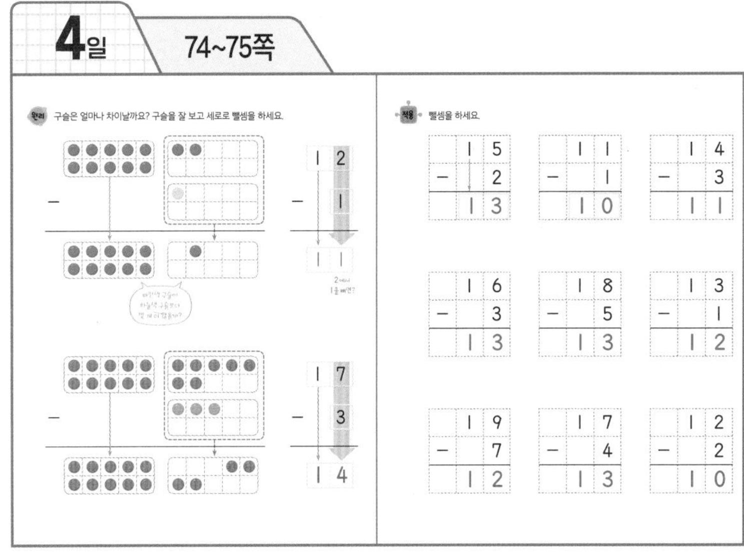

원리 구슬은 얼마나 차이날까요? 구슬을 잘 보고 세로로 뺄셈을 하세요.

12−1=11

17−3=14

적용 뺄셈을 하세요.

15−2=13 11−1=10 14−3=11

16−3=13 18−5=13 13−1=12

19−7=12 17−4=13 12−2=10

5일 76~77쪽

❶ 덧셈인지 뺄셈인지 찾아 ➡ ❷ 알맞은 식을 세우고 ➡ ❸ 답을 구하세요.

빨간색 구슬은 13개 있고,
노란색 구슬은 빨간색 구슬보다 2개 더 적어요.
노란색 구슬은 몇 개일까요?

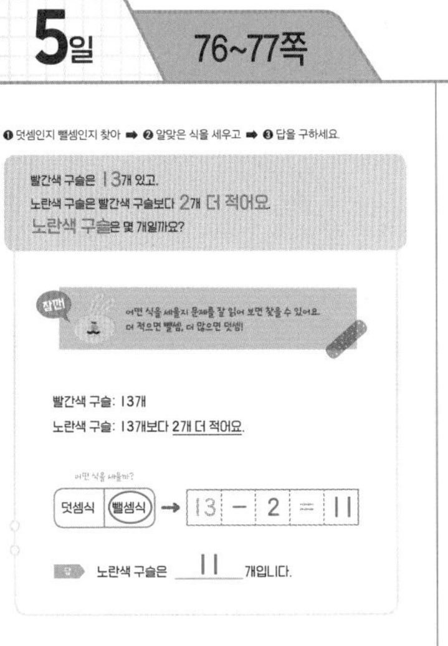

참견 어떤 식을 써야 할지 문제를 잘 읽어 보면 찾을 수 있어요. 더 적으면 뺄셈, 더 많으면 덧셈!

빨간색 구슬: 13개

노란색 구슬: 13개보다 2개 더 적어요.

덧셈식 (뺄셈식) → 13 − 2 = 11

답 노란색 구슬은 11 개입니다.

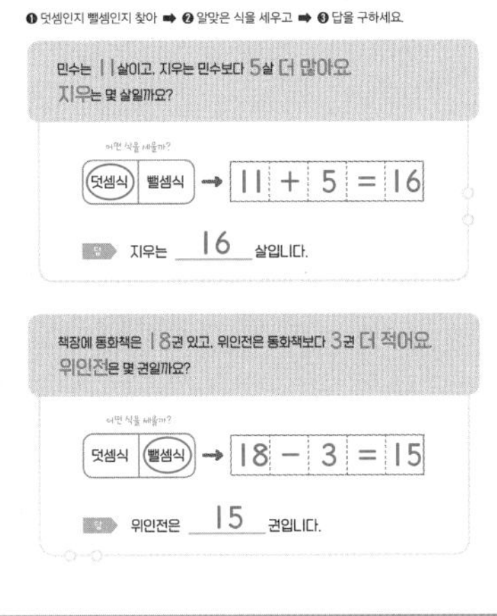

민수는 11살이고, 지우는 민수보다 5살 더 많아요.
지우는 몇 살일까요?

(덧셈식) 뺄셈식 → 11 + 5 = 16

답 지우는 16 살입니다.

책장에 동화책은 18권 있고, 위인전은 동화책보다 3권 더 적어요.
위인전은 몇 권일까요?

덧셈식 (뺄셈식) → 18 − 3 = 15

답 위인전은 15 권입니다.

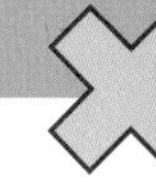

1일 80~81쪽

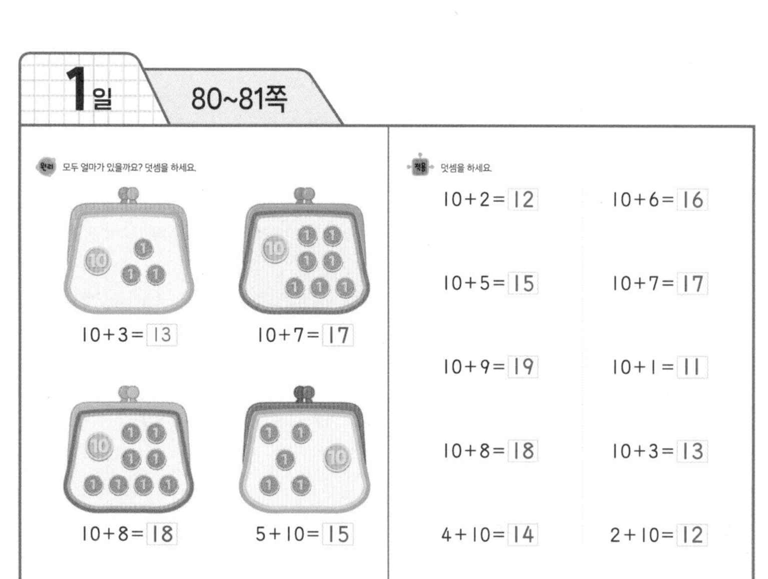

2일 82~83쪽

수직선에 뛰어 세는 화살표를 그리고, □ 안에 알맞은 수를 쓰세요.

10+5=15

10+8=18

10+4=14

□ 안에 알맞은 수를 쓰세요.

10+3=13

10+2=12

10+9=19

10+6=16

10+4=14

10+5=15

10+7=17

10+1=11

3일 84~85쪽

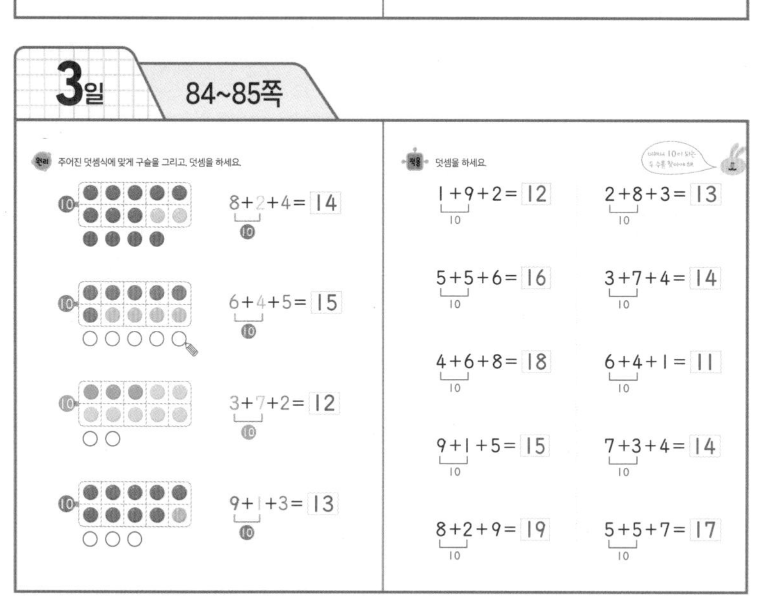

4일 86~87쪽

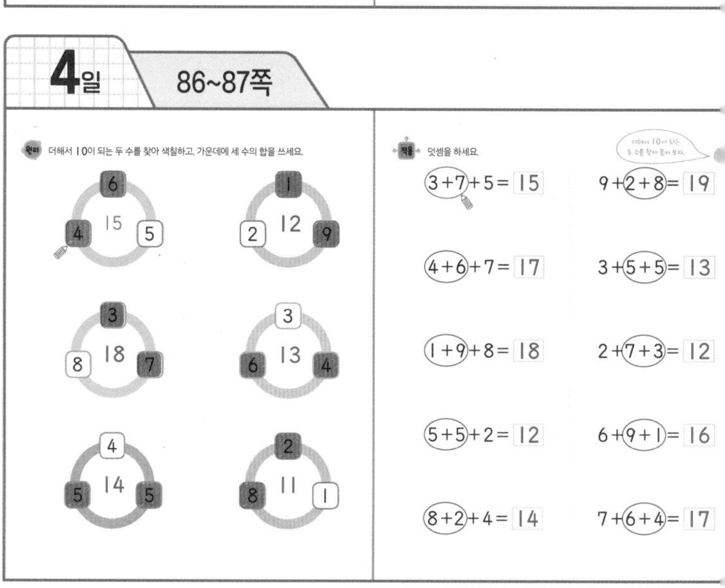

5일 88~89쪽

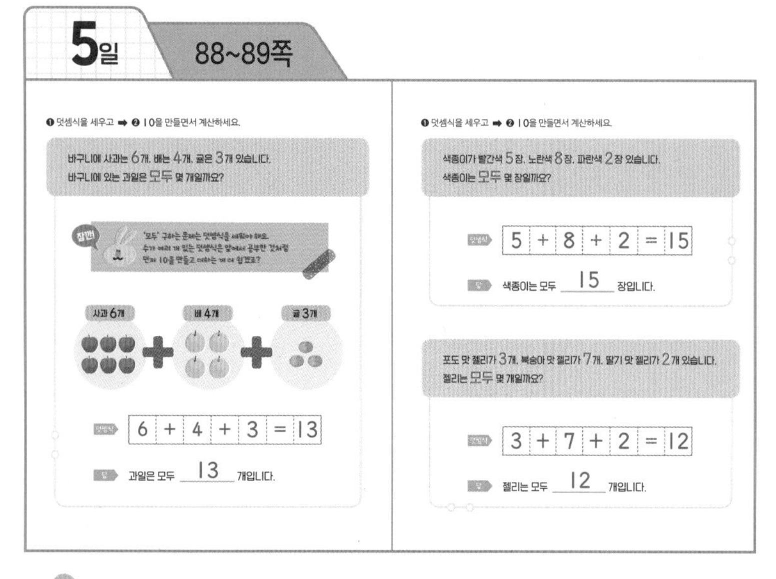

24단계 10을 이용한 뺄셈

1일 92~93쪽

원리 동전이 어떻게 달라지는지 잘 보고 안에 알맞은 수를 쓰세요.

17−7= 10

14−4= 10

12− 2 =10

16− 6 =10

적용 안에 알맞은 수를 쓰세요.

11−1= 10	15− 5 =10
13−3= 10	18− 8 =10
16−6= 10	14− 4 =10
19−9= 10	17− 7 =10

2일 94~95쪽

원리 수직선에 뛰어 세는 화살표를 그리고, 안에 알맞은 수를 쓰세요.

15− 5 =10

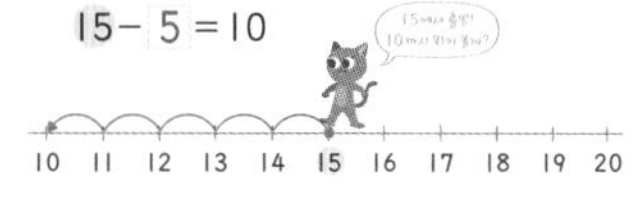

18− 8 =10

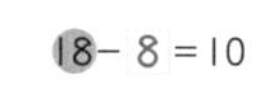

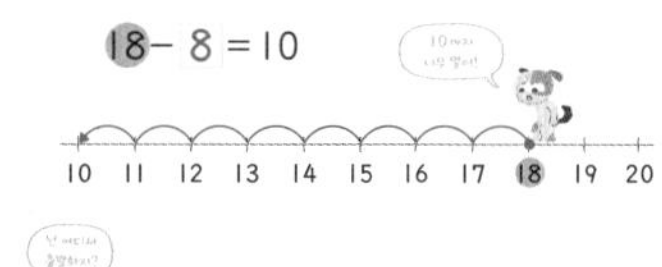

14− 4 =10

적용 안에 알맞은 수를 쓰세요.

13− 3 =10	16− 6 =10
12− 2 =10	17− 7 =10
19− 9 =10	18− 8 =10
11− 1 =10	15− 5 =10

3일 96~97쪽

원리 주어진 뺄셈식에 맞게 구슬을 로 묶으면서 빼고, 뺄셈을 하세요.

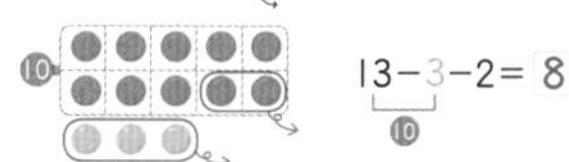

13−3−2= 8

12−2−6= 4

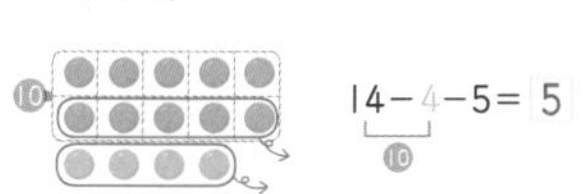

14−4−5= 5

15−5−7= 3

적용 뺄셈을 하세요.

11−1−2= 8	14−4−7= 3
18−8−3= 7	17−7−1= 9
17−7−8= 2	13−3−6= 4
15−5−4= 6	16−6−9= 1
19−9−5= 5	18−8−2= 8

4일 98~99쪽

원리 수직선에 뛰어 세는 화살표를 그리고, 뺄셈을 하세요.

13−3−5= 5

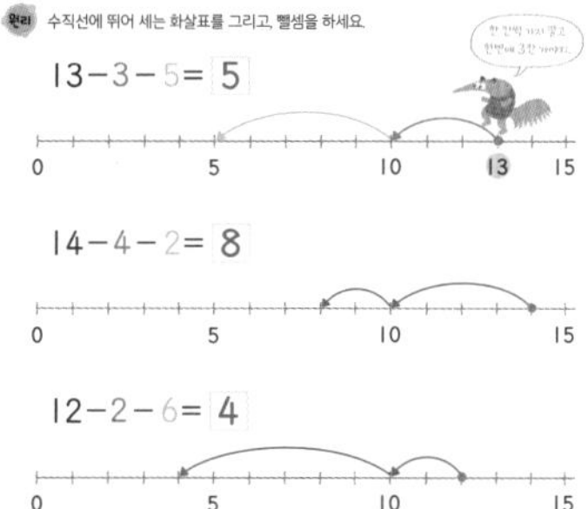

14−4−2= 8

12−2−6= 4

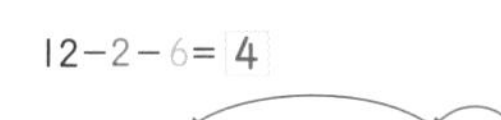

15−5−4= 6

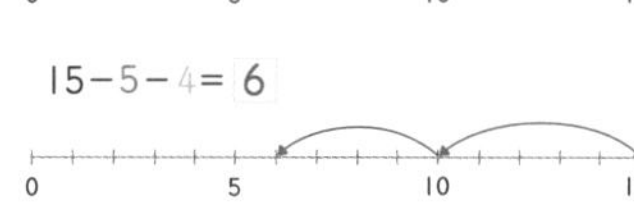

적용 뺄셈을 하세요.

16−6−3= 7	18−8−1= 9
13−3−9= 1	19−9−2= 8
11−1−4= 6	17−7−3= 7
12−2−5= 5	14−4−6= 4
15−5−7= 3	13−3−8= 2

5일 100~101쪽

❶ 식을 모두 계산하고 ➡ ❷ 크기를 비교하고 ➡ ❸ 기호를 쓰세요.

계산 결과가 더 큰 식을 찾아 기호를 쓰세요.

㉠ 13−3−8
㉡ 17−7−5

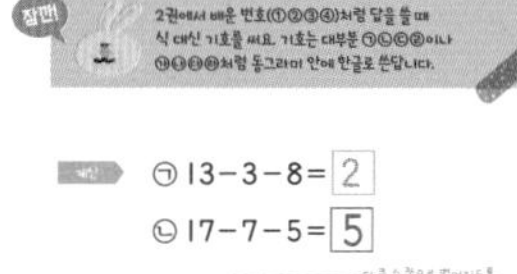

계산 ㉠ 13−3−8= 2
㉡ 17−7−5= 5

결과 비교 2 < 5

답 계산 결과는 ㉡ 이 더 큽니다.

❶ 식을 모두 계산하고 ➡ ❷ 크기를 비교하여 기호를 쓰세요.

계산 결과가 더 작은 식을 찾아 기호를 쓰세요.

㉠ 4+6+1 | ㉡ 9+1+4

계산 ㉠4+6+1= 11, ㉡9+1+4= 14

답 계산 결과는 ㉠ 이 더 작습니다.

계산 결과가 더 큰 식을 찾아 기호를 쓰세요.

㉮ 14−4−1 | ㉯ 3+7+2

계산 ㉮ 14−4−1= 9, ㉯3+7+2= 12

답 계산 결과는 ㉯ 가 더 큽니다.

"혼자서 작은 산을 넘는 아이가 나중에 큰 산도 넘습니다"

본 연구소는 아이들이 스스로 큰 산까지 넘을 수 있는 힘을 키워 주고자 합니다.
아이들의 연령에 맞게 학습의 산을 작게 설계하여 혼자서 넘을 수 있다는 자신감을 심어 주고,
때로는 작은 고난도 경험하게 하여 가슴 벅찬 성취감을 느끼게 합니다.
국어, 수학, 유아 분과의 학습 전문가들이 아이들에게 실제로 적용해서 검증하며 차근차근 책을 출간합니다.

아이가 주인공인 기적학습연구소의 대표 저작물
–수학과: 〈기적의 계산법〉, 〈기적의 계산법 응용UP〉, 〈툭 치면 바로 나오는 기적특강 구구단〉, 〈딱 보면 바로 아는 기적특강 시계보기〉 외 다수
–국어과: 〈30일 완성 한글 총정리〉, 〈기적의 독해력〉, 〈기적의 독서 논술〉, 〈맞춤법 절대 안 틀리는 기적특강 받아쓰기〉 외 다수

기적의 계산법 예비초등 3권

초판 발행 · 2023년 11월 15일
초판 5쇄 발행 · 2024년 11월 22일

지은이 · 기적학습연구소
발행인 · 이종원
발행처 · 길벗스쿨
출판사 등록일 · 2006년 7월 1일
주소 · 서울시 마포구 월드컵로 10길 56 (서교동) | **대표 전화** · 02)332-0931 | **팩스** · 02)333-5409
홈페이지 · school.gilbut.co.kr | **이메일** · gilbut@gilbut.co.kr

기획 · 김미숙(winnerms@gilbut.co.kr) | **편집진행** · 이선진, 이선정
영업마케팅 · 문세연, 박선경, 박다슬 | **웹마케팅** · 박달님, 이재윤, 이지수, 나혜연
제작 · 이준호, 손일순, 이진혁 | **영업관리** · 김명자, 정경화 | **독자지원** · 윤정아
디자인 · 더다츠 | **삽화** · 김잼, 류은형, 전진희
전산편집 · 글사랑 | **CTP출력 · 인쇄** · 교보피앤비 | **제본** · 신정문화사

▶잘못 만든 책은 구입한 서점에서 바꿔 드립니다.
▶이 책은 저작권법에 따라 보호받는 저작물이므로 무단전재와 무단복제를 금합니다.
이 책의 전부 또는 일부를 이용하려면 반드시 사전에 저작권자와 길벗스쿨의 서면 동의를 받아야 합니다.

ISBN 979-11-6406-595-0 64410
(길벗 도서번호 10879)

정가 9,000원

독자의 1초를 아껴주는 정성 **길벗출판사**
길벗스쿨 | 국어학습서, 수학학습서, 유아콘텐츠유닛, 주니어어학, 어린이교양, 교과서, 길벗스쿨콘텐츠유닛
길벗 | IT실용서, IT/일반 수험서, IT전문서, 경제실용서, 취미실용서, 건강실용서, 자녀교육서
더퀘스트 | 인문교양서, 비즈니스서